누구나 하는

R을 이용한
데이터 분석과
논문 쓰기

구호석 지음

한나래
아카데미

R을 이용한 누구나 하는
데이터 분석과 논문 쓰기

2021년 4월 10일 1판 1쇄 박음
2021년 4월 20일 1판 1쇄 펴냄

지은이 | 구호석
펴낸이 | 한기철

펴낸곳 | 한나래출판사
등록 | 1991. 2. 25. 제22-80호
주소 | 서울시 마포구 토정로 222, 한국출판콘텐츠센터 309호
전화 | 02) 738-5637 · 팩스 | 02) 363-5637 · e-mail | hannarae91@naver.com
www.hannarae.net

ISBN 978-89-5566-249-8 93310

어렵게만 느껴지는 통계가 재미있는 학문이라는 것을 알게 된 계기가 있다. 대학 초년생 때 지금은 연세대학교 통계학과에 계시는 하은호 교수님께 통계를 배웠는데, 학생들 모두를 통계박사를 만드시려는 듯 정말 열정적으로 꼼꼼히 가르쳐주셨다. A3 크기의 커다란 용지에 빼곡히 적힌 통계실습문제를 풀다보면, 통계에 대한 부담감이 사라지고 자신감이 생겼다.

그러다가 시간이 흘러 전임의를 시작했을 무렵, 다시 통계를 하려 하니 기억나는 내용은 거의 없고 머릿속이 하얘졌다(교수님 죄송합니다). 힘들게 다시 통계 공부를 시작할 수밖에 없었다. 레지던트 동기 천재, 한양대학교 류마티스 내과 조수경 교수의 추천으로 《임상통계학(배상철, 성윤경)》을 읽으면서 기초를 다져보고, 실전 통계를 경험하게 해주신 서울K내과 김성권 교수님, 분당서울대병원 진호준 교수님께 많이 여쭤도 보고, 당시 전임의라면 다 가지고 있다는 《SPSS를 이용한 통계분석학》도 보았다.

그런데 통계에 대한 자신이 다시 붙기 시작할 즈음, 더이상 SPSS를 손쉽게 사용할 수 없는 환경에 놓이게 되었다. 비용과 익숙함 사이에서 고민하다가 R 통계를 접하게 되었다. R 통계는 무료인 데다가 예전의 C+ 라이브러리처럼 많은 사람이 개발에 참여하면서 좋은 기능이 계속해서 업데이트된다는 점이 큰 매력으로 다가왔다.

이 책은 새로운 것을 배우고 싶지만, 새로 시작하는 것이 어려운 분들을 염두에 두고 쓴 책이다. 본서에 소개된 기초적인 내용부터 차근차근 익히다 보면 데이터 분석과 논문 작성에 좀 더 쉽게 접근할 수 있으리라 기대한다.

누구나 새로운 것에 관심을 가지는 것은 쉽지만, 그것을 배우고 자신의 것으로 익히는 일은 어렵다. 만약 데이터 분석에 대한 관심과 열정이 조금이라도 있는 분이라면, 이제 주저하지 말고 R 통계를 꼭 한번 배워보시라고 권하고 싶다. 이 책이 그 여정에 함께해 도움이 된다면 더할 나위 없이 기쁠 것이다.

책을 쓰면서 가장 중요시한 것은 독자들이 쉽게 따라 해볼 수 있는지, 직접 따라 해보면 통계를 좀 더 쉽게 익힐 수 있는지였다. 이러한 점에 초점을 맞춰 되도록 쉽고 명확하게

R 통계분석과 논문 작성 방법을 풀어내려 힘썼다. 필자가 그동안 여러 시행착오를 거치면서 익혀왔던 내용을 되도록 쉽고 명확하게 담아내고자 힘썼다. 차근차근 따라 해보면 논문의 표를 만들 수 있는 작업까지 해볼 수 있으니 자신감을 가지고 한 걸음만 더 내딛어 보자!

서울에 올라온 지가 10년이 넘었다. 그동안 묵묵히 지원해준 아내 김영아와 사춘기의 진가를 보여주는 도윤, 태윤, 민주, 멀리서 응원해주시는 어머니, 형님에게 감사의 마음을 전한다. 지금은 돌아가셨지만, 항상 뒤를 봐주시던 외조부모님 두 분과 아버지에 대한 기억은 아직까지 많은 힘이 된다.

이번 책을 읽고 많은 조언을 아끼지 않은, 때로는 쓴소리도 하는 동기 노지현 박사와, 항상 열정을 가르쳐주는 후배 유경돈 교수와 김광실 교수에게 고마운 마음이다. 그리고 함께 꿈을 쫓아가는 콩팥병 CDM 연구회 총무 김경민 교수와 연구회 회원 여러분, 출판을 위해 애써주신 조광재 상무님께 감사드린다.

2021년 3월

구호석

차례

4장   R을 이용한 기본 통계 배우기   73

1장

R과
RStudio
설치하기

R 통계 프로그램은 장점이 많은 프로그램이다. 대표적인 장점 2가지를 꼽으면 첫 번째는 무료라는 점이고, 두 번째는 많은 사람들이 참여하는 공동 프로젝트라는 점이다. 이러한 장점 때문에 오늘날 많은 이들이 다양한 업무에서 R 프로그램을 활용하고 있다. 본서는 R 프로그램을 이용해 효과적으로 데이터 분석을 실행하고 연구 논문을 작성하는 방법을 안내하기 위해 저술되었다. 그 첫발을 떼기 위해 1장에서는 R과 RStudio를 설치하는 방법을 살펴보겠다.

1 R 설치

다음 절차에 따라 R 프로그램을 설치해보자.

① 아래와 같은 웹브라우저에서 R-project라고 검색해보자.

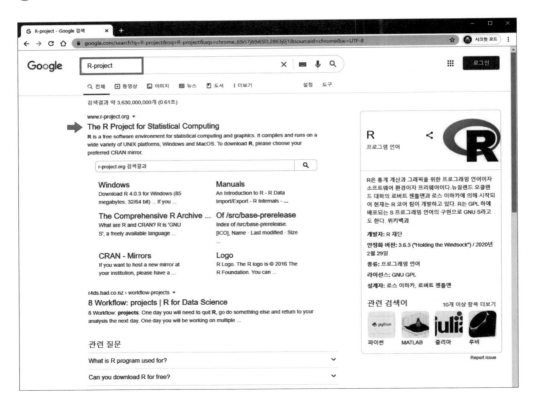

② ①에서 'R: The R Project for Statistical Computing'을 클릭하면 아래와 같은 홈페이지가 나온다. R 통계 프로그램을 처음 다운받을 때나 업그레이드해야 할 때(주기적으로 업그레이드해주는 것이 좋다), 자주 찾게 되는 곳이다. 홈페이지 왼쪽의 Download 메뉴 아래 'CRAN'을 클릭해보자.

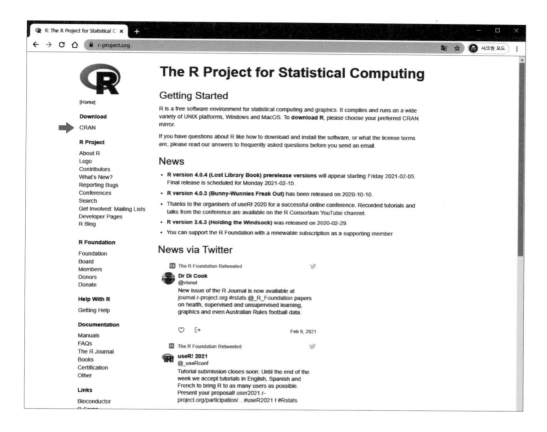

③ CRAN(The Comprehensive R Archive Network)에는 R 관련 자료를 다운로드받을 수 있는 곳이 링크되어 있다. 아래로 내려가보면 세계 곳곳의 국가 이름이 나온다. **Korea**를 찾은 뒤 여러분의 지역에서 가장 가까운 곳을 찾아보자. 부산 부경대학교, 대구 영남대학교, 서울시 빅데이터센터, 서울대학교, 울산 울산대학교 등이 있다. 우리는 서울시에서 운영하는 빅데이터 센터를 선택해보자.

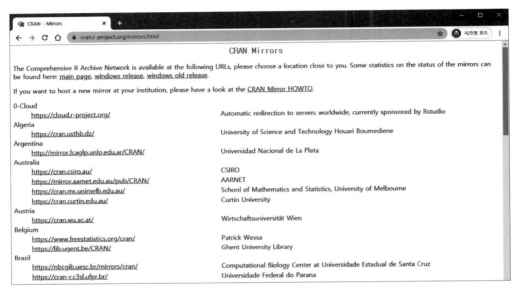

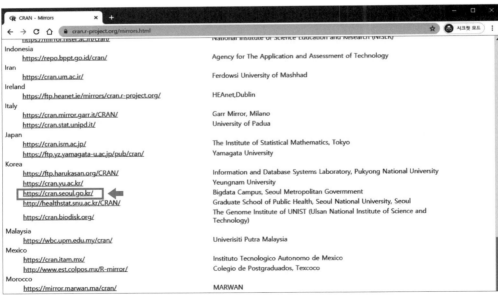

④ 다음과 같은 화면이 나오면 'Download R for windows'를 클릭한 후 'Install R for the first time'을 클릭한다.

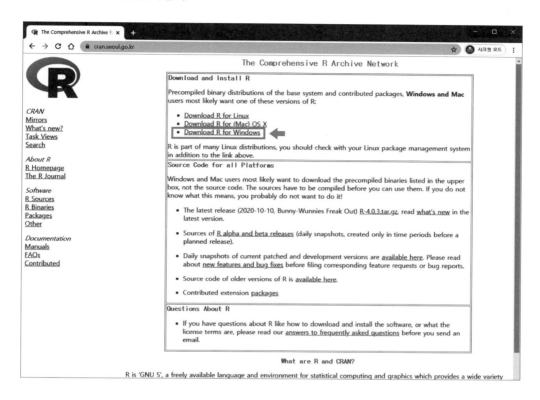

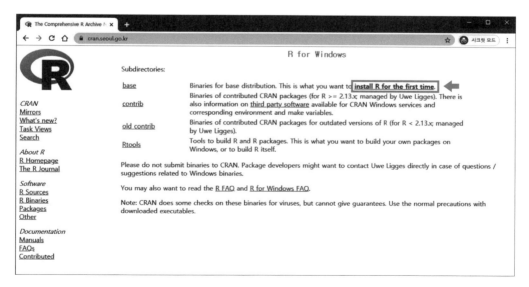

⑤ 그런 다음 맨 위의 'Download R 4.0.3 for windows'를 클릭해보자. 현재까지(2021년 1월 기준) R 통계 프로그램은 R 4.0.3 버전까지 나왔다. 논문에서 인용할 때에는 The analyses were performed using R language(version 4.0.3; R Foundation for Statistical Computing)라고 하면 된다.

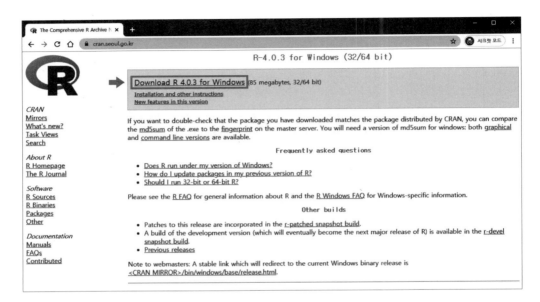

⑥ 설치 언어는 영어에 자신 있는 사람이 아니라면 한국어를 선택한다.

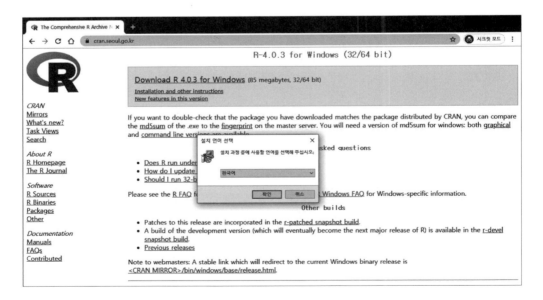

⑦ 설치 정보를 확인한 후 [다음]을 클릭한다.

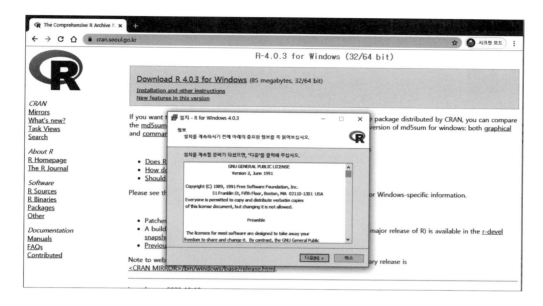

⑧ 설치 위치를 선택하고 [다음]을 클릭한다.

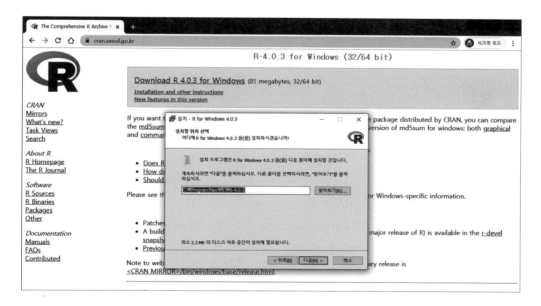

⑨ 설치를 위한 구성 요소에 모두 체크한 후 [다음]을 클릭한다.

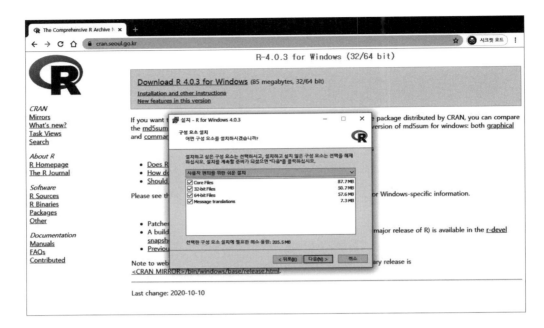

⑩ 스타트업 옵션 부분도 'No(기본값 사용)'에 그대로 체크하고 [다음]을 클릭한다.

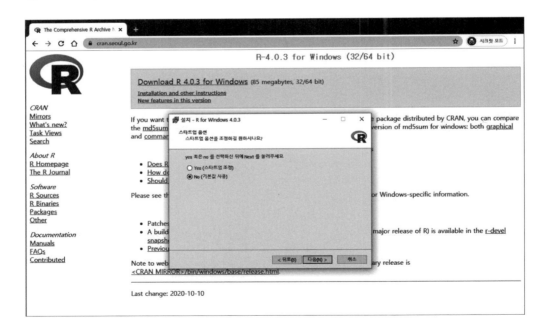

⑪ 시작 메뉴 폴더도 'R'로 그대로 표시하고 [다음]을 클릭한다.

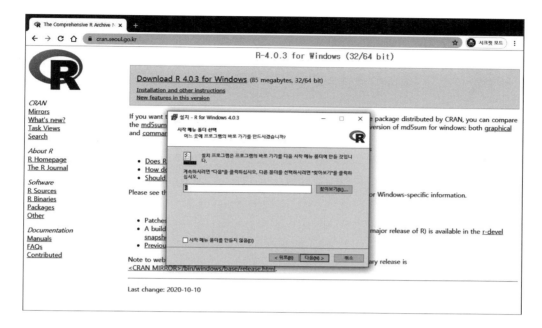

⑫ 추가 사항 적용 부분도 그대로 체크하고 [다음]을 클릭한다.

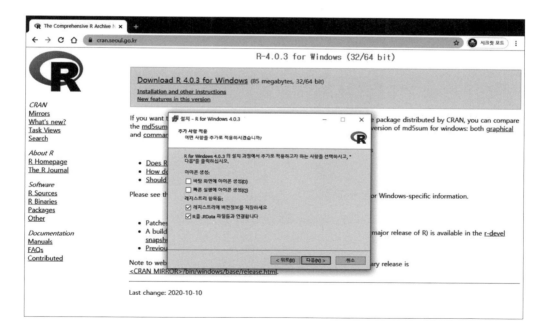

⑬ 그러면 아래와 같이 압축이 풀리고 프로그램이 설치된다.

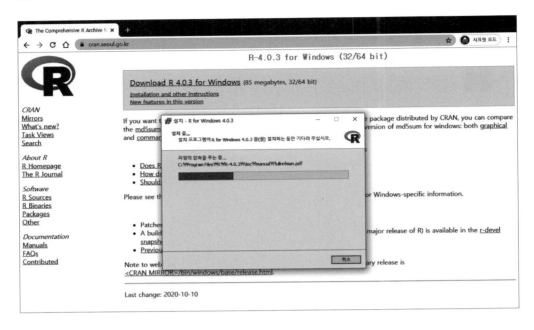

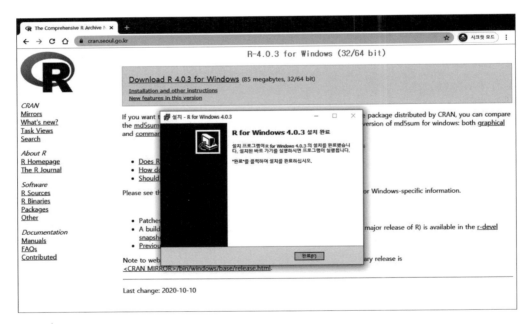

② RStudio 설치

RStudio는 R을 좀 더 편리하게 사용할 수 있도록 해주는 통합개발환경(Integrated Development Environment, IDE)이다. R 프로그램 설치를 완료했다면 다음 절차에 따라 RStudio를 설치해보자.

① 구글에서 RStudio를 검색하면 아래와 같은 화면이 나온다. RStudio라고 쓰여진 부분을 클릭하면 홈페이지로 연결된다.

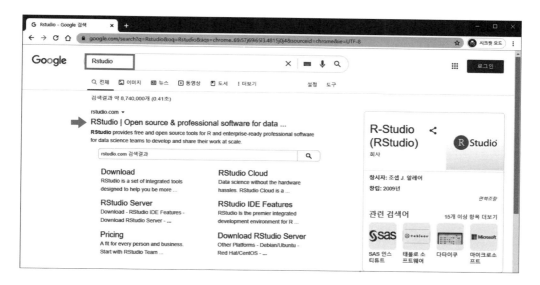

② 스크롤바를 아래로 내려보면 RStudio를 다운로드하는 부분이 나오고 버전을 선택할 수 있게 되어 있다. 무료 버전의 [DOWNLOAD] 버튼을 클릭한다.

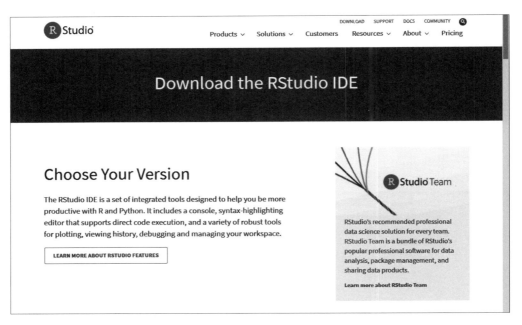

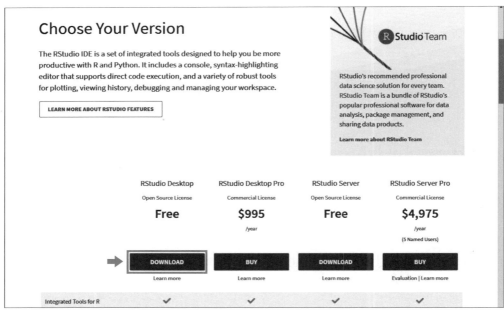

③ RStudio Desktop version 1.3.1093에 대한 화면이 나오는데, 우리는 이미 R을 설치했으니 아래 [DOWNLOAD RSTUDIO FOR WINDOWS]를 클릭한다.

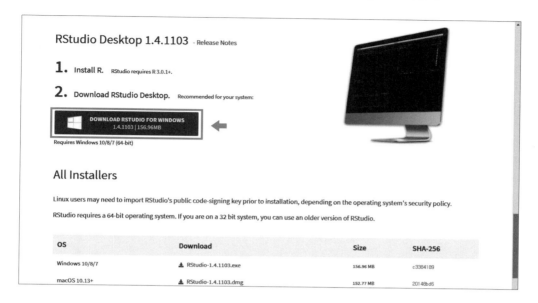

④ RStudio 설치 화면이 나오면 [다음]을 클릭한다.

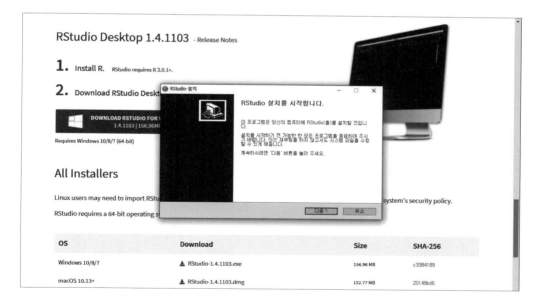

⑤ 설치 위치를 선택하고 [다음]을 클릭한다.

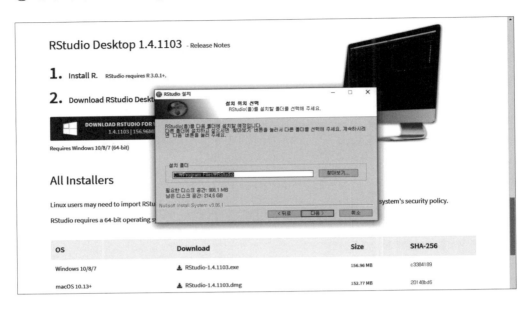

⑥ 시작 메뉴 폴더는 그대로 하고 [설치]를 클릭한다.

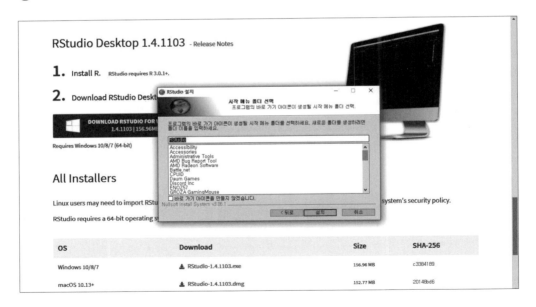

⑦ 설치가 진행되고 이어서 설치 완료 화면이 나타난다.

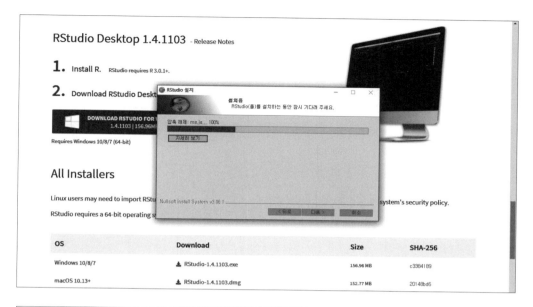

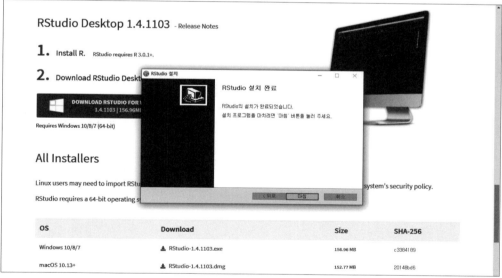

자, 그러면 자신의 컴퓨터 화면에 R과 RStudio 메뉴가 생겼는지 확인해보자. R 메뉴
는 거의 사용할 일이 없고 'RStudio'를 클릭하면 R도 함께 실행된다.

2장

RStudio
기본 명령어
사용하기

1 RStudio 실행하기

① 왼쪽 프로그램 목록에서 ⓡ RStudio를 찾아 클릭한다.

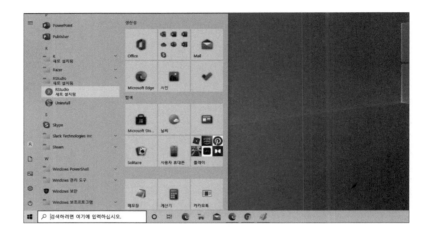

② RStudio 첫 실행 화면이다. 이 화면에서 모든 통계 작업을 할 수 있다.

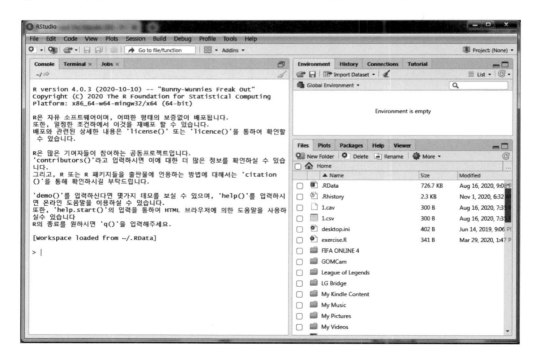

③ 새 작업을 시작하려면 [File]을 선택한 후 [New File] → [R Script]를 선택한다.

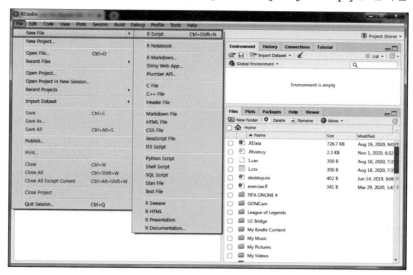

④ 그러면 4개로 구성된 화면이 나온다. ㉠ 왼쪽 위는 R 통계 명령어를 적는 소스(source)창이고, ㉡ 왼쪽 아래는 명령어가 실행되는 콘솔(console)창이다. ㉢ 오른쪽 위는 현재 실행 중인 데이터세트 정보(environment)와 사용기록(히스토리) 등이 표시되는 환경창이고, ㉣ 오른쪽 아래는 파일 디렉터리(files)나 그림(plots), 설치 패키지(packages) 등이 나타나는 플롯창이다.

2 기본 명령어 연습

① 글자를 프린트하는 연습을 해보자. 명령어를 적는 왼쪽 위의 창에 print('x')라고 적어
보자. 그런 다음 명령어를 실행하기 위해 명령어 맨 뒤에 커서를 놓은 뒤 위의 →Run
버튼을 누르거나 [Ctrl+Enter]를 클릭한다. 그러면 명령어 한 줄이 실행된다. 실행 화
면에 'x'가 프린트된 것을 확인할 수 있다.

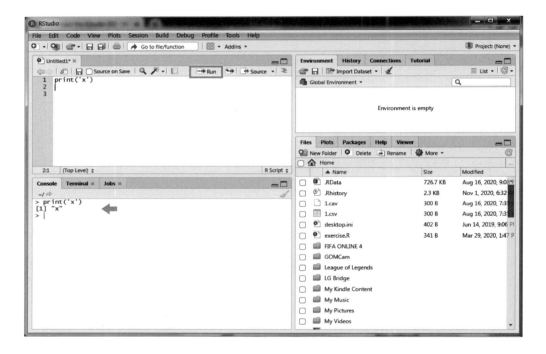

② 이번에는 인용기호(' ')를 빼고 print(x)라고 실행해보자. print(x)를 입력하니 Error in print(x) : 객체 'x'를 찾을 수 없습니다(Error in print(x) : object 'x' not found)라는 오류 메시지가 뜬다. 이유는 x가 무엇인지 지정하지 않았기 때문이다.

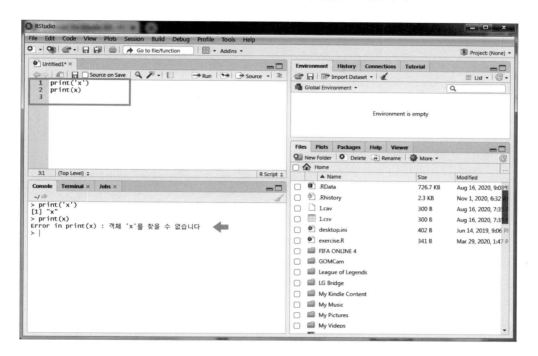

③ x를 지정해서 다시 실행해보자. print(x) 윗 줄에 x <- c(1, 2, 3)을 입력한다. 이것은 x라는 이름의 변수에 1, 2, 3의 숫자 값을 넣는다는 의미이다. 2줄의 명령어를 모두 실행하기 위해 커서로 블록을 지정한 다음 → Run 버튼을 클릭한다.

④ 실행 후 왼쪽 아래(명령어 실행 화면)를 보면, [1] 1 2 3이라고 숫자 x에 저장되어 있던 1, 2, 3이 프린트된 것을 볼 수 있다. 화면 오른쪽(데이터세트 화면)을 보면, Global Environment 탭의 Values 아래 x가 있고, 오른쪽에는 num [1:3] 1 2 3이라고 나온다. 변수 x에 1, 2, 3의 num(number)가 들어가 있다는 의미다.

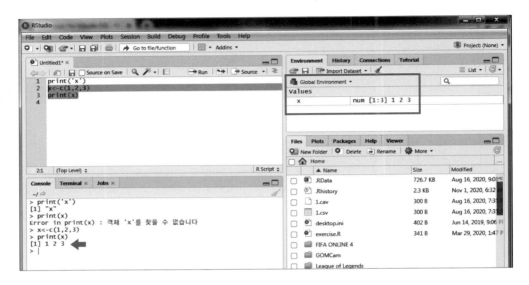

⑤ 해당 명령어를 다음에도 사용하고 싶으면 왼쪽 [File] 메뉴에서 [Save File]을 클릭한 후 .R 확장자로 저장한다. 여기서는 exercise.R로 저장해보자.

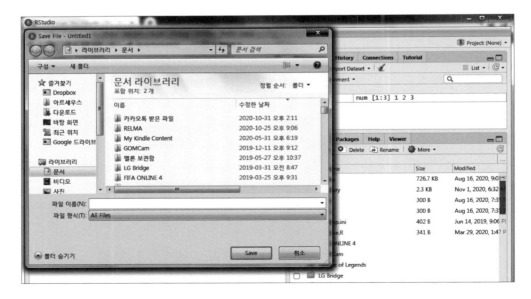

⑥ 그런 다음 q( )를 입력하고 실행(→ Run)하면 종료되면서 'workspace를 저장할까요?'
라는 질문이 나오는데, 이때 [Save]를 클릭한다.

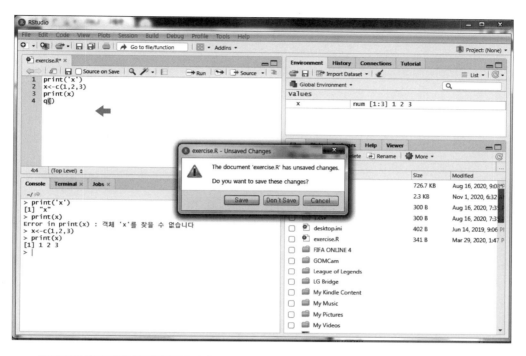

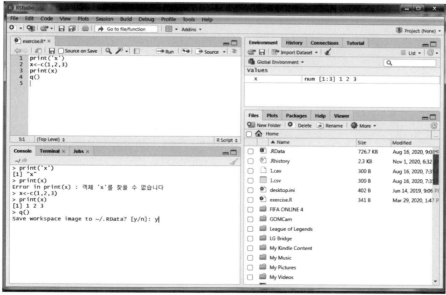

⑦ 명령어를 저장할 때에는 [Save As]를 클릭해 원하는 이름을 적는데 확장자는 R로 정해져 있다.

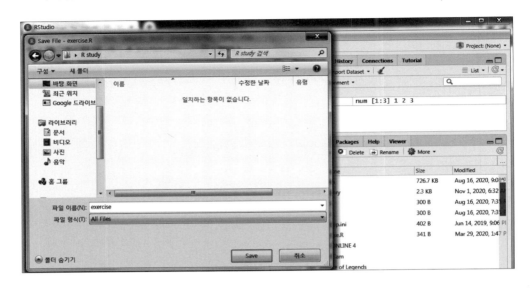

1) 엑셀 자료 저장

이번에는 엑셀 자료를 저장하는 방법을 알아보자. 자료를 보면 5명의 Hb(hemoglobin) 값이 있고, 변수명은 NO와 Hb가 있다(파일: Hb.csv).

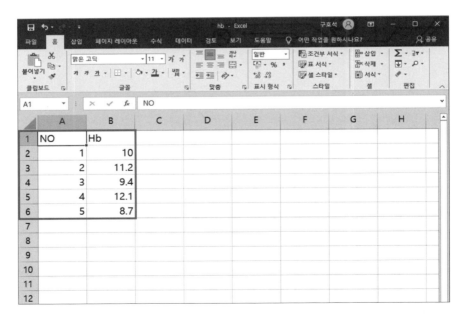

① 엑셀 자료를 저장할 때에는 되도록 CSV(comma separated value)로 저장한다. Excel 파일을 직접 불러올 수도 있지만 CSV가 데이터 손실이 없고 안정적이다. 확장자는 .csv로 붙는데 여기서는 hb.csv 이름으로 저장한다.

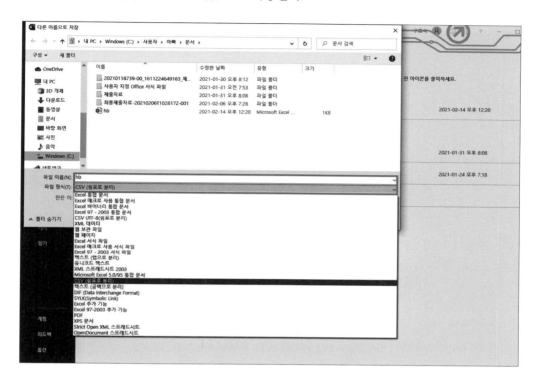

② 워드에서 csv 파일을 불러오면 아래와 같이 csv(comma separated value)로, 즉 콤마(,)
로 구분되어 있는 것을 볼 수 있다 .

③ csv 파일을 불러와 저장하기 위해 res <- read.csv(csv가 있는 디렉터리)라고 입력한다. 이때 res는 데이터를 불러와 저장할 곳의 이름으로 본인이 원하는 것으로 지정하면 된다. <-는 저장한다는 의미이다.

header=T는 데이터세트(hb.csv)의 첫 번째 줄을 변수명(변수명인 NO, Hb으로 저장)으로 사용하겠다고 지정하는 것이다.

데이터는 ","로 구분한다(separation)는 의미에서 sep=","라고 입력하면 된다.

자, 이렇게 입력하고 실행해보자. 디렉터리 구분 표기의 방향(/)에 유의한다.

- 형식: **데이터를 불러와 저장할 곳 <- read.csv("디렉터리/파일이름", header = T, sep = ",")**
- 실습: **res <- read.csv("c://Rstudy/Hb.csv", header = T, sep = ",")**
  # C드라이브 아래 Rstudy 디렉터리의 Hb.csv 데이터세트를 불러온다.

④ 오른쪽 위 환경창의 [Global Environment] 아래 [Data]란을 보면, res란 이름의 데이터가 2개의 변수명, 5개의 obs(값)을 가지고 있다고 표시되어 있다. 이제 데이터도 RStudio에 올라온 것이다.

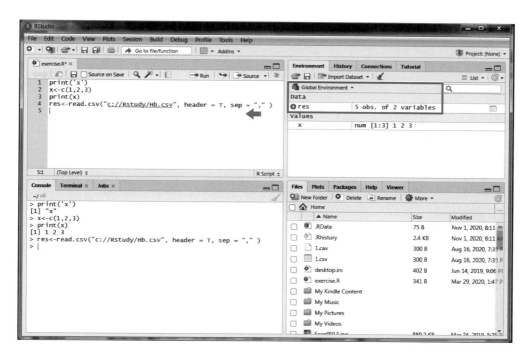

⑤ [Data] 아래의 res를 클릭하면 왼쪽 명령어 창에 NO, Hb 데이터가 보인다.

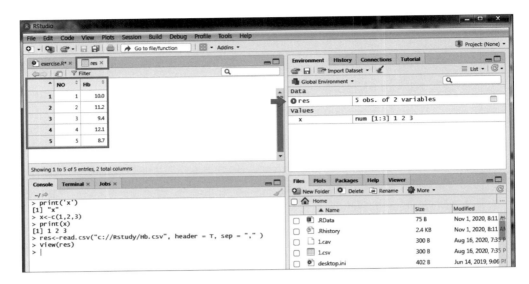

⑥ 명령어 창에서 res라고 입력해도 아래와 같이 변수값이 나온다.

⑦ 변수명을 알고 싶으면 'names(데이터세트 이름)'를 입력하면 된다.

- 형식: names(데이터세트 이름)
- 실습: names(res)

⑧ 데이터세트의 구조(structure)에 대해 알고 싶으면 'str(데이터세트 이름)'을 입력하면 된다. 결과를 보면 NO 변수는 integer 변수, Hb는 number를 나타낸다.

- 형식: str(데이터세트 이름)
- 실습: str(res)

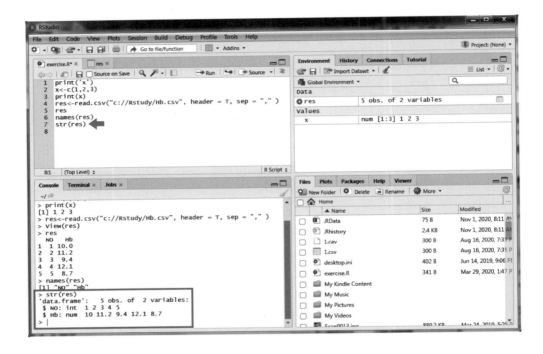

- 변수의 종류
  R에서 사용하는 변수의 종류에는 숫자형(number), 정수형(integer), 문자형(character), 요인형(factor), 논리형(TRUE 또는 FALSE)이 있다.

⑨ head 명령어는 데이터세트에서 보고 싶은 변수 개수만큼만 보여주는 것이다. default는 6개이다. 'head(데이터세트, 3)'라고 입력하면 3개의 데이터만 보여준다.

- 형식: head(데이터세트, 보고 싶은 데이터 개수)
- 실습: head(res, 3) # 데이터세트 res에서 3개의 데이터만 보려고 할 때

※ '데이터세트$변수명' 형식

여기서 잠깐, '데이터세트$변수명' 형식에 대해 살펴보자. 예를 들어 본문의 res 데이터세트의 age라는 변수이름의 데이터를 표현할 때에는 res$age라고 표현한다.

· 데이터세트명: res

· 변수명: age, sex, HE_sbp, HE_dbp, HE_glu

임의의 변수를 만들고 싶으면 '데이터세트$원하는 변수명' 형식으로 만들면 된다. 본문에서 res 데이터세트의 HTN(고혈압 여부)이라는 새로운 변수를 만들고 싶으면 res$HTN이라고 하면 된다.

⑩ 다음으로 평균을 구해보자. mean은 평균을 구하라는 명령어로 mean(데이터세트)을 넣으면 에러가 나오게 된다. mean 안에는 mean(데이터세트$변수명)이라고 넣어야 한다. mean(res$Hb)이라고 하고 실행하면 평균값이 나온다.

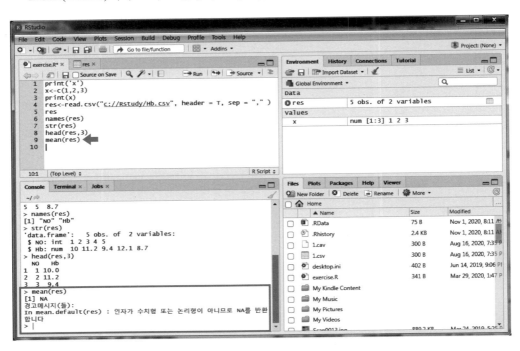

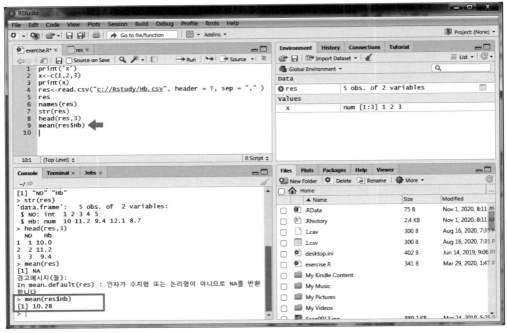

⑪ 마찬가지로 표준편차는 sd(res$Hb)라고 하면 된다.

⑫ 히스토그램(histogram)의 경우 hist(res$Hb)라고 하면 오른쪽 아래에 히스토그램이 나
타나게 된다. plot(res$Hb), boxplot(res$Hb)도 해보자.

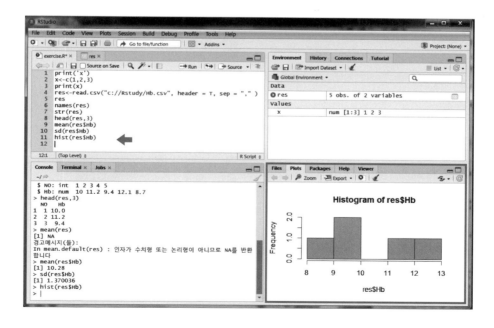

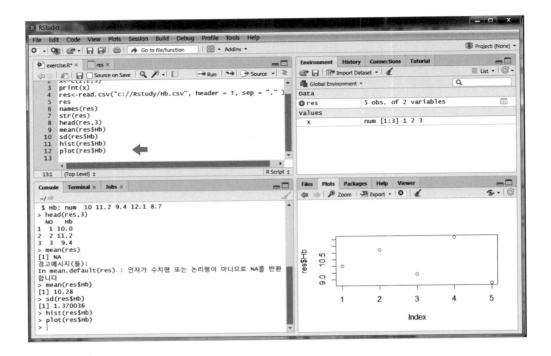

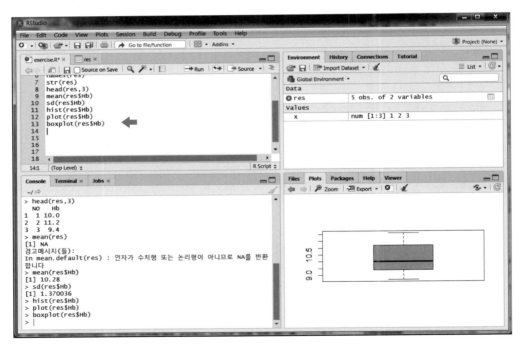

⑬ 그림은 [plots] 아래의 🔎 Zoom 확대 버튼을 눌러서 따로 저장할 수도 있다. 확대된 그
림 위에서 오른쪽 마우스를 클릭해 [Save as Image]를 선택한다.

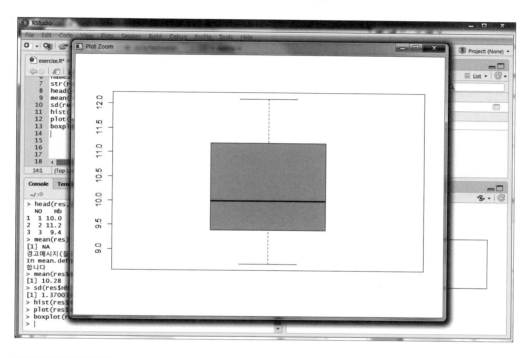

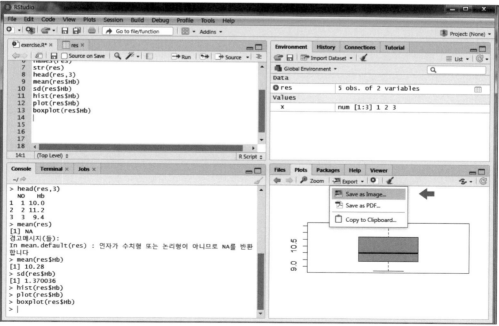

⑭ 저장하려면 디렉터리(directory)를 지정하고, 파일 이름은 File name칸에 Rplot 대신
원하는 이름을 입력하면 된다.

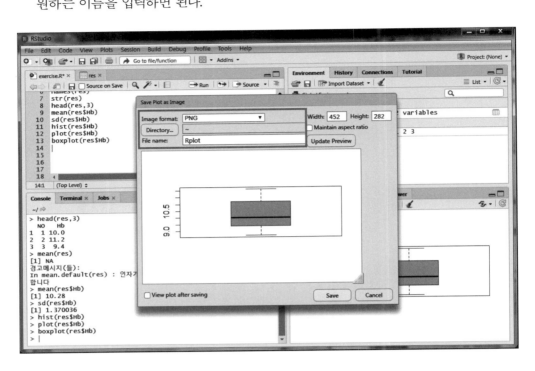

3장

R 기본 명령어 사용하기

R 명령어에는 별도의 작업 없이 기본적으로 사용할 수 있는 명령어(기본 명령어)가 있고, 추가적으로 패키지를 설치해야 사용할 수 있는 명령어가 있다. 이번 장에서는 먼저 R의 기본 명령어를 살펴보자. 다음 명령어들은 뒤에서 논문을 작성할 때에 사용할 것들이다.

1) 원하는 작업 폴더로 지정해서 사용하고 싶을 때: setwd

작업 폴더를 지정할 때는 기본 명령어인 setwd를 사용한다. setwd는 set working directory의 약자다.

> • 형식: **setwd**('원하는 작업 디렉터리')

예를 들어 D: 드라이브에 Rstudy라는 디렉터리를 만들고 Rstudy 디렉터리에서 작업을 할 경우 다음과 같이 입력한다.

```
setwd('D:/Rstudy')
```

현재 작업폴더의 확인은 getwd( )를 사용한다.

```
getwd()
[1] "D:/Rstudy"
```

⇨ 현재 작업 디렉터리는 D: 드라이브 아래의 Rstudy이다.

2) 새로운 데이터세트를 만들고 싶을 때: data.frame

각각의 데이터를 합쳐서 새로운 데이터세트를 만들고자 할 때는 data.frame을 사용한다. 예를 들면 나이, 수축기혈압, 공복혈당의 3가지 데이터를 합쳐서 새로운 데이터세트를 만들고자 할 때 data.frame을 사용할 수 있다.

> • 형식: **data.frame**(데이터세트$변수명, 데이터세트$변수명, 데이터세트$변수명,,,,)

여기서는 exercise.csv 자료를 불러와 새로운 데이터세트를 만드는 연습을 해보자.

```
# 저장된 exercise3.csv 데이터세트를 res라는 이름으로 불러온다. 구분자가 "," 로 되어 있다.
res <- read.csv("c://Rstudy/exercise3.csv", header = T, sep = ",")

# res 데이터세트의 변수는 총 5개다(res$age, res$sex, res$HE_sbp, res$HE_dbp,
res$HE_glu ).
names(res)

# res라는 이름의 데이터세트의 데이터들 중에 나이(res$age), 수축기혈압(res$HE_sbp), 공복
혈당(res$HE_glu) 3가지를 선택하여 res2라는 새로운 데이터세트를 만든다.
res2 <- data.frame(res$age, res$HE_sbp, res$HE_glu)

# res2 데이터세트의 변수는 총 3개다.
names(res2)
```

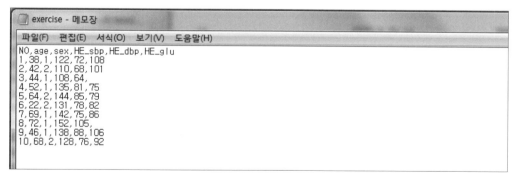

```
exercise - 메모장
파일(F)  편집(E)  서식(O)  보기(V)  도움말(H)
NO,age,sex,HE_sbp,HE_dbp,HE_glu
1,38,1,122,72,108
2,42,2,110,68,101
3,44,1,108,64,
4,52,1,135,81,75
5,64,2,144,85,79
6,22,2,131,78,82
7,69,1,142,75,86
8,72,1,152,105,
9,46,1,138,88,106
10,68,2,128,76,92
```

▷ 메모장에서 exercise3.csv 파일을 열면 데이터 사이가 콤마(,)로 구분되어 있다(sep=",").

3) 데이터세트의 이름을 일일이 붙이기 어려울 때 : attach

> • 형식: **attach**(데이터세트 이름)

⇨ attach를 시행한 후에는 변수명 앞에 데이터세트를 적지 않아도 된다.
⇨ $와 &를 혼동하지 말자. 소문자, 대문자를 혼동하지 말자. HE_sbp와 He_sbp는 다르다.

```
# 아래와 같이 하면 변수의 이름 앞에 res.res$age, res.res$HE_sbp, res.res$HE_glu로
res.이 더 붙게 된다.
res2 <- data.frame(res$age, res$HE_sbp, res$HE_glu)

# res2라는 새로운 이름의 데이터세트를 만든다. 새로운 데이터세트에는 res$age, res$HE_sbp,
res$HE_glu가 포함된다. attach(res)을 앞에서 지정했기 때문에 data.frame 안에는 변수명 앞
에 res를 쓰지 않아도 된다. 가능한 attach를 사용하는 것을 추천한다.
attach(res)
res2 <- data.frame(age, HE_sbp, HE_glu)
```

4) 데이터세트에서 원하는 데이터만 선택하고자 할 때 : subset

subset은 기본 명령어다. subset 명령어는 주어진 데이터세트에서 필요한 데이터만 선택할 때에 사용한다. 예를 들면 나이가 65세 이상인 환자만을 선택하거나, 특정 성별만을 선택하는 경우 등 특정 군을 선택해서 분석하고 싶을 때 사용한다.

> • 형식: **새 데이터세트 이름 <- subset**(원자료의 데이터세트, 조건)

데이터: exercise.csv

```
# ① exercise.csv를 res로 불러오고, ② 불러온 데이터세트에서 나이가 65세 이상인 자료만 선택
해서, ③ res3이라고 한다.
res3 <- subset(res, res$age >= 65)
```

이번에는 다른 데이터 세트를 만들어보자. res$HE_glu의 변수값이 있는 것만 가지고(결측치가 있는 변수는 제외하고) 새로운 데이터세트를 만들어보자. exercise.csv를 보면, NO 3번과 NO 9번의 HE_glu 값이 없다. NO3, NO9번의 변수를 모두 제외하고 새로운 데이터세트를 만든다.

	A	B	C	D	E	F
1	NO	age	sex	HE_sbp	HE_dbp	HE_glu
2	1	38	1	122	72	108
3	2	42	2	110	68	101
4	3	44	1	108	64	
5	4	52	1	135	81	75
6	5	64	2	144	85	79
7	6	22	2	131	78	82
8	7	69	1	142	75	86
9	8	72	1	152	105	
10	9	46	1	138	88	106
11	10	68	2	128	76	92

```
res3 <- subset(res, is.na(res$HE_glu)==FALSE)
```

논리문에 대해 살펴보자. is.na(변수명)는 변수가 결측치(NA)이면 TRUE 값이 되고, 결측치(NA)가 아니면 FALSE 값이 된다. is.na(res$HE_glu)는 res$HE_glu 값이 결측치가 아니면 FALSE 값이 된다. 따라서 is.na(res$HE_glu)==FALSE라는 것은 결측치가 없는 것만 선택하는 것이 된다. R에서 '같다'는 '==' 로 '='를 2번 사용해야 한다.

5) 데이터세트에서 새로운 조건으로 데이터를 추가하고자 할 때: ifelse

ifelse는 기본 명령어로 조건문으로 많이 사용하고, 데이터세트에서 변수를 바꾸거나 새로운 조건으로 변수를 추가할 때 사용한다. 2개 이상의 조건문도 사용 가능하며, 연속형 변수를 범주형 변수로 바꿀 때 많이 사용한다.

예를 들면 나이가 65세 이상인 경우는 1로, 65세 미만인 경우는 0으로 해서 age65라는 변수를 하나 추가할 수 있다. 혹은 수축기혈압이 140mmHg 이상인 경우는 1, 140mmHg 미만인 경우는 0으로 하는 변수를 추가할 수 있다.

변수명	조건	새 변수명	새로운 값
age	age〉=65	age65	1
	age〈65		0
HE_sbp	HE_sbp〉=140	HTN	1
	HE_sbp〈140		0

> • 형식: **데이터세트$변수명 〈- ifelse(데이터세트$변수의 조건식, 조건식을 만족할 때 값, 조건식을 만족하지 않을 때 값)**

```
# 나이가 65세 이상이면 1, 미만이면 0인 age65인 변수를 만든다.
res$age65 <- ifelse(res$age> = 65,1,0)
```

```
# 수축기혈압이 140mmHg 이상이면 1, 미만이면 0인 HTN 변수를 만든다.
res$HTN <- ifelse(res$HE_sbp> = 140,1,0)

# res 데이터세트의 변수명을 확인해보면 age, sex, HE_sbp, HE_dbp, HE_glu 5가지 변수 이외
에 age65, HTN 2개의 변수가 새로 만들어졌다.
names(res)
```

6) 만들어진 데이터세트를 저장하고, 저장된 데이터세트를 불러오는 방법

데이터 저장, 불러오기는 기본 명령어인 write와 read를 사용한다. Excel 파일을 읽고 저장하는 방법도 있으나, 안정적인 방법으로 csv로 저장하기를 권한다. 앞서 만든 7개의 변수를 가진 res라는 데이터세트를 exercise1.csv라는 이름으로 저장해보자.

6-1) 데이터세트를 저장할 때: write

> • 형식: **write(데이터세트 이름, "저장 이름(원하는)", 행의 이름(변수명) 지정)**

⇨ 명령어 코드의 저장은 Rscript를 저장하는 것이다. 데이터세트의 저장은 데이터를 저장하는 것이다.

```
# row.names = FALSE는 데이터의 맨 앞에 일련번호를 추가하지 않겠다는 의미이다.
# res 데이터세트를 exercise1.csv라는 이름으로 저장한다.
write.csv(res,file = "exercise1.csv", row.names = FALSE )
```

6-2) 데이터세트를 불러올 때: read

> • 형식: **read.csv**("데이터세트 이름", header=T, sep=",")

⇨ CSV 파일을 읽어올 때 사용하며 ' '가 아니고 " "를 입력해야 한다.

⇨ header=T는 첫째 줄을 변수명으로 하라는 의미다.

⇨ sep=","는 쉼표로 구분된 데이터라는 의미다. sep(separate 약자)는 텍스트 파일의 자료들이 무엇으로 구분되어 있는지 지정하는 것이다.

```
# setwd에서 작업폴더를 지정했기 때문에 파일의 위치를 구체적으로 지정하지 않았다.
# exercise1.csv 외부 데이터를 res로 불러온다.
res <- read.csv("exercise1.csv", header = T, sep = ",")
```

7) 데이터 또는 데이터세트의 특징에 대해 알아보고 싶을 때: str

데이터에 대해 알아보고 싶을 때는 기본 명령어인 str 명령어를 사용한다. str은 structure의 약자다. str(데이터세트명) 또는 str(데이터 변수명)로 적는다. 데이터 전체의 구조와 변수의 개수, 변수의 이름, 변수의 특성(문자형, 숫자형, 논리형, 요인형), 관측치 개수를 알고 싶을 때 사용한다.

> • 형식: **str**(데이터세트) 또는 **str**(데이터세트$변수명)

```
str(res)
str(res$age)
```

8) 데이터를 전부 혹은 일부만 보고 싶을 때: head

> • 형식:
> **데이터 전부를 보고 싶을 때: 데이터세트 또는 데이터세트$데이터명**
> **데이터 일부만 보고 싶을 때: head(데이터세트, 숫자) 또는 head(데이터세트$데이터명, 숫자)**

```
# res 데이터세트의 데이터 전부를 보고 싶을 때
res

# res라는 데이터세트의 데이터를 3개 보고 싶을 때
head(res,3)
```

9) 데이터세트의 변수이름을 보고 싶을 때: names

> • 형식: **names(데이터세트명)**

```
# res라는 데이터세트에 있는 변수명을 다 보고 싶을 때
names(res)
```

10) 데이터 자료를 더 보고 싶을 때: max.print

R에서는 관측치(데이터 개수)가 많을 때는 일부만 보여준다. 모두 보려고 할 때에는 max.print를 사용한다.

> • 형식: **options(max.print = 9999999)**

```
# res라는 데이터세트에 있는 변수를 다 보고 싶을 때
options(max.print = 9999999)
```

11) 명령어를 반복해서 실행하고자 할 때: for

> · 형식: **for**(임의의 변수 in 1:끝번호) {
> **명령어**(반복되는)
> }

⇨ 대괄호 { }를 꼭 넣어야 한다. 대괄호 { } 안에 반복되는 명령어가 들어간다.

데이터: exercise.csv

```
# 1~10까지 print를 반복하는 명령을 for문으로 만들면 다음과 같다. { } 안의 명령어를 10번 반복한다.
for(i in 1:10) {
 print(i)
}
```

exercise.csv에는 sex 변수는 남자=1, 여자=2로 입력되어 있다. exercise.csv의 자료를 불러와서 남자인 경우에는 수축기혈압(HE_sbp)이 140mmHg보다 높을 때 고혈압 (HTN)으로 정의하고, 여자인 경우에는 수축기혈압(HE_sbp)이 135mmHg보다 높을 때 고혈압(HTN)으로 정의하는 새 변수를 만들어보자.

R에서 데이터세트$변수명[숫자]의 형식은 차례를 나타낼 때 사용한다. 예를 들어 res 라는 이름의 데이터세트에서 Hb변수 중 10번째 차례의 변수는 res$Hb[10]이라고 나타 낼 수 있다.

if (A) B else C 조건문에서 ① if 다음의 (A)를 만족하면 B를 실행하고, ② if 다음 의 (A)를 만족하지 못하면 else 다음 C를 실행한다.

```
# res$NO의 데이터 개수를 y에 입력한다.
y <- length(res$NO)

# i라는 변수를 1번부터 res$NO의 데이터 개수인 y까지 반복한다.
for( i in 1:y ) {

# 조건문에서 성별이 "1"이면 아래 조건문을 실행한다(R에서 '이다'는 '=='로 표기한다).
if (res$sex[i]=="1")

 # 수축기혈압 140mmHg 이상이면 1, 아니면 0
 res$HTN[i] <- ifelse(res$HE_sbp[i] = 140,1,0)
```

```
# 조건문에서 성별이 "2" 이면 아래 조건문 실행
else
if (res$sex[i]=="2")

# 수축기혈압 135mmHg 이상이면 1, 아니면 0
res$HTN[i] <- ifelse(res$HE_sbp[i] >= 135,1,0)
else

# i를 1 증가시킨다.
 i <- i + 1
# { } 사이의 명령어를 res$NO 데이터 개수만큼 반복한다.
}
```

변수 옆의 [i]에 대한 이해를 돕기 위해서 아래 표를 보자. HTN[1]부터 HTN[10]까지 값이 아래와 같다.

NO	age	sex	HE_sbp	HE_dbp	HE_glu	HTN
1	38	1	122	72	108	0
2	42	2	110	68	101	0
3	44	1	108	64	NA	0
4	52	1	135	81	75	0
5	64	2	144	85	79	1
6	22	2	131	78	82	0
7	69	1	142	75	86	1
8	72	1	152	105	NA	1
9	46	1	138	88	106	0
10	68	2	128	76	92	0

HTN[i]	i
HTN[1]	1
HTN[2]	2
HTN[3]	3
HTN[4]	4
HTN[5]	5
HTN[6]	6
HTN[7]	7
HTN[8]	8
HTN[9]	9
HTN[10]	10

12) 변수의 특성을 바꿀 때: as.factor, as.numeric, as.character

변수의 특성(문자형, 숫자형, 논리형, 요인형)을 바꿀 때 다음과 같이 입력한다. 예를 들어 숫자를 계산하려고 하는데 문자로 잘못 인식되어 계산이 되지 않을 경우 사용할 수 있다. 외부 자료를 불러올 때 숫자가 문자로 인식되는 경우가 종종 있다.

> • 형식:
> **변수의 특성을 요인형으로 바꿀 때:** 데이터세트$변수명 <- as.factor(데이터세트$변수명)
> **변수의 특성을 숫자형으로 바꿀 때:** 데이터세트$변수명 <- as.numeric(데이터세트$변수명)
> **변수의 특성을 문자형으로 바꿀 때:** 데이터세트$변수명 <- as.character(데이터세트$변수명)

```
# 숫자형으로 저장된 res$sex 변수를 요인형으로 바꾼다.
res$sex <- as.factor(res$sex)

# 숫자형으로 저장된 res$sex 변수를 문자형으로 바꾼다.
res$sex <- as.character(res$sex)
```

13) 결측치 처리 방법

결측치(missing value, NA: Not Available)가 많으면 데이터 분석이 제대로 되지 않는다. 되도록 데이터 입력 단계에서부터 결측치가 생기지 않도록 해야겠지만 그래도 발생하는 것은 어쩔 수 없는 일이다. 데이터 분석을 하기 전에 결측치를 최대한 제거하도록 하자.

NA를 확인하려면 is.na(데이터세트$변수명)라고 하고, NA의 개수를 확인하려면 앞에 table을 적는다. is.na의 결과값은 논리형이다.

	변수	논리값
is.na(변수)	결측치(O)	TRUE
	결측치(X)	FALSE

> • 형식:
> **결측치 여부 확인:** is.na(데이터세트$변수명)
> **결측치 개수 확인:** table(is.na(데이터세트$변수명))
> **결측치가 들어 있는 행 전체를 모두 제거:** na.omit(데이터세트)

```
# res$HE_glu 변수의 na 값을 확인하려면 다음과 같이 입력한다.
table(is.na(res$HE_glu))
```

\# res 데이터세트에서 NA 값이 있는 데이터를 모두 제거한 후 res2의 데이터세트로 새로 만들려면 다음과 같이 입력한다. na.omit의 경우 모든 데이터를 제거하기 때문에 분석에 필요한 데이터까지 제거될 수 있으므로 주의해야 한다. NA 값이 있는 데이터를 제거하는 범위를 정하는 것은 온전히 연구자의 몫이다.

```
res2 <- na.omit(res)
```

\# res 데이터세트를 불러와서 res$HE_glu가 결측치가 아닌 값들만 모아서 res2로 한다.

```
res2 <- subset(res,is.na(res$HE_glu)==FALSE)
```

결측치 제거에 dplyr 패키지를 사용할 수도 있다(dplyr 패키지 설치에 관해서는 p. 68 14-4절의 내용을 참조한다).

• 형식: 새 데이터세트 이름 〈− 데이터세트 % 〉% filter (결측치가 아닌 변수만 선택)

⇨ % > %는 우리말로 '중에서'라고 읽으면 이해하기 쉽다. 다시 말하면 '데이터세트 중에서 filter를 사용해서 결측치가 아닌 변수만을 선택해서 새 데이터세트로 저장하자'라고 할 수 있다.

⇨ 결측치가 아닌 변수는 !is.na(변수명)로 표기한다. R 통계에서 논리연산자로 '같다'는 '=='를 사용하고 '다르다'는 '!='를 사용하지만, dplyr의 filter 내에서는 '다르다'의 의미로 '!'만 사용한다. 두 가지 조건의 교집합은 &로 표현한다.

```
# dplyr 패키지를 불러온다.
library(dplyr)
```

\# res 데이터세트 중에서 HE_glu 변수의 결측치가 없는 것만 선택해서 res2라는 새로운 이름의 데이터세트를 만든다. '%>%'는 추출해낸다는 뜻이다.

```
res2 <- res %>% filter(!is.na(HE_glu))
```

\# res 데이터세트 중에서 age 변수와 HE_glu 변수의 결측치가 없는 것만 선택해서 res2라는 새로운 이름의 데이터세트를 만든다.

```
res2 <- res %>% filter(!is.na(age) & !is.na(HE_glu))
```

14) 패키지 설치 방법

R 사용자들은 자신이 관심 있는 기능들을 '라이브러리'라는 이름으로 편리하게 만들어 패키지로 보관해두고 여러 사람들과 공유한다. 오른쪽 아래 탭에서 [Packages]를 누르면, 패키지 목록이 나오고 설치된 패키지에 체크표시 ☑가 되어 있는 것을 확인할 수 있다.

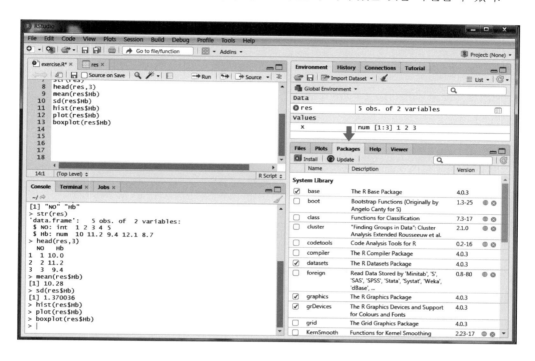

패키지가 설치되지 않는 경우에는 관리자 권한으로 RStudio를 실행해야 한다. 관리자 권한이란, 윈도우시스템에 프로그램을 설치할 때 설치 여부를 관리자(administrator)가 선택할 수 있도록 만든 기능이다.

　　관리자 권한을 실행하기 전에 먼저 RStudio를 중단하자. RStudio 화면에서 [File] → [Quit Session]을 선택한다.

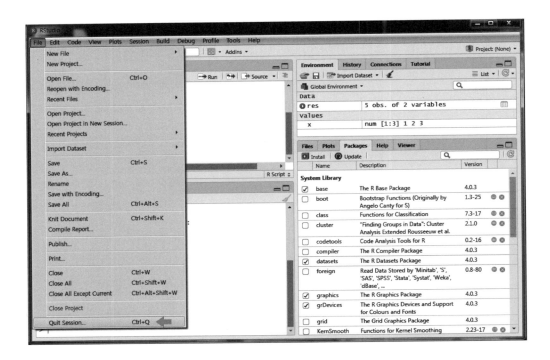

그런 다음 관리자 권한으로 RStudio를 실행해보자. 화면 왼쪽 맨 아래의 ⊞ 버튼을 클릭한다. ® RStudio에서 마우스를 우클릭한 후 [자세히] → [관리자 권한으로 실행]을 클릭한다.

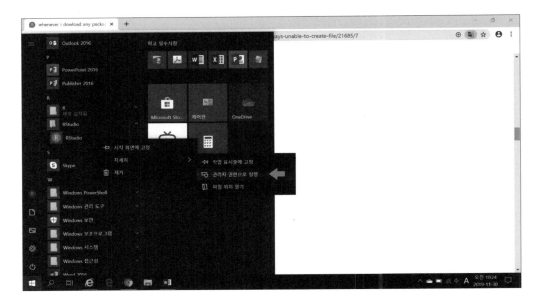

14-1) SAS, SPSS 데이터세트를 읽어올 때 사용하는 패키지 : foreign

SAS나 SPSS에서 데이터세트를 읽어올 때는 foreign 패키지를 사용한다.

> • 형식: **library**(foreign)

▷ foreign 라이브러리를 사용하겠다고 R프로그램에 알리는 것이다.

> • 형식: **read.spss**("디렉터리//파일명.sav", to.data.frame=TRUE)

▷ 데이터프레임 형식으로 가져오겠다는 의미다.

```
library(foreign)
res <- read.spss("HN10_ALL.sav",to.data.frame = TRUE)
# excel 파일을 읽기 위해서는 xlsx 패키지를 설치하고 다음과 같이 읽어온다.
require(xlsx)
# HN10_ALL.xlsx의 첫 번째 sheet1을 불러온다.
res <- read.xlsx("HN10_ALL.xlsx", sheetName = "Sheet1")
```

▷ HN10_ALL.sav 파일은 국민건강영양조사 사이트에서 다운로드받는다. (2010년 조사자료)

　　이제 본격적으로 패키지를 설치해보자. 화면 오른쪽 아래 탭에서 [Package] → [install]을 클릭하면 패키지 설치창이 뜬다.

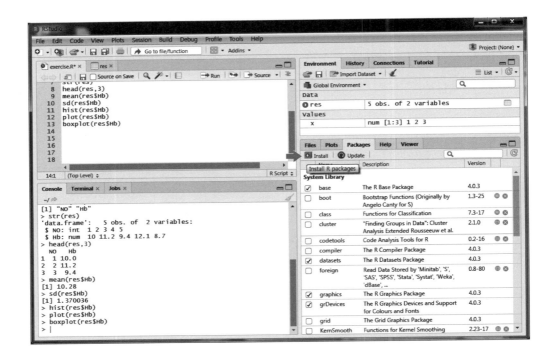

패키지 설치창에 foreign을 적은 후 엔터키를 치면 설치가 진행된다.

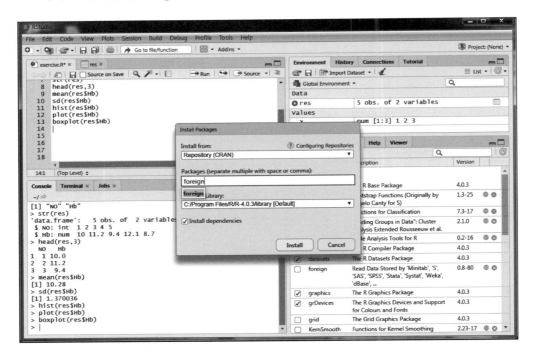

다음과 같이 명령어 실행창에 설치 진행 과정이 나온다.

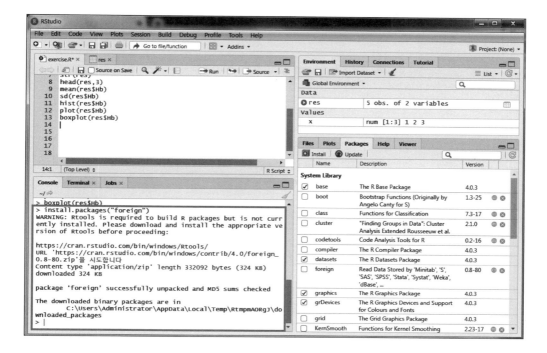

설치 중에 아래와 같이 경고 메시지가 나오면 R 프로그램의 버전을 업데이트해야 한다.

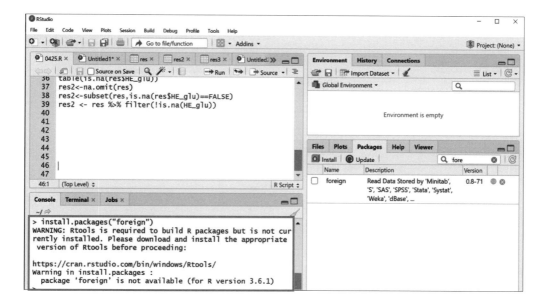

14-2) 의학 논문을 편하게 쓰기 위한 통계 패키지 : moonBook

moonBook은 가톨릭대학교 성빈센트병원 순환기내과 문건웅 교수님이 만드신 통계 패키지다.

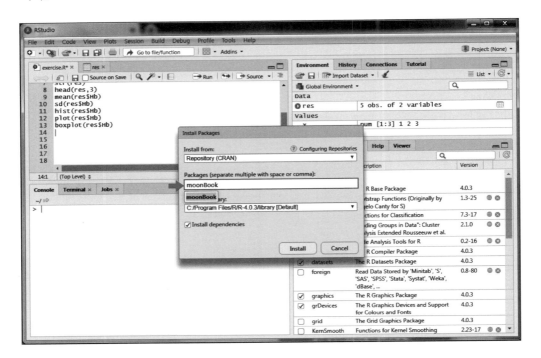

- 형식: **library**(moonBook)
- 형식: **mytable**(명목변수~., data=데이터세트 이름)

⇨ 명목변수에 따른 연속변수 전체의 값(.)을 보려고 할 때 위와 같은 형식으로 입력한다. 이때 , 앞에 .을 빠뜨리지 않도록 주의하자.

- 형식: **mytable**(명목변수~연속변수, data=데이터세트 이름)

⇨ 명목변수에 따른 연속변수 1개의 값을 보려고 할 때 위와 같은 형식으로 입력한다. 이때 연속변수나 명목변수의 위치가 바뀌면 이해하기 어려운 결과가 나오므로 주의해야 한다.

```
# moonBook 패키지를 불러올 때
library(moonBook)

# res 데이터세트의 모든 변수에 대해 성별에 따른 차이를 본다. 모든 변수를 뜻하는 점(.)을 사용한다.
mytable(sex~.,data = res)

# res 데이터세트의 성별에 따른 age 변수의 차이를 본다.
mytable(sex~age, data = res)

# res 데이터세트의 성별에 따른 모든 변수의 차이를 table에 저장한다.
table <- mytable(sex~.,data = res)

# table을 table.csv라는 이름으로 저장한다. 결과값이 csv 파일로 저장되어 있다.
mycsv(table,file = "table.csv")
```

성별에 따른 변수 전체의 차이를 아래와 같이 통계값까지 볼 수 있다.

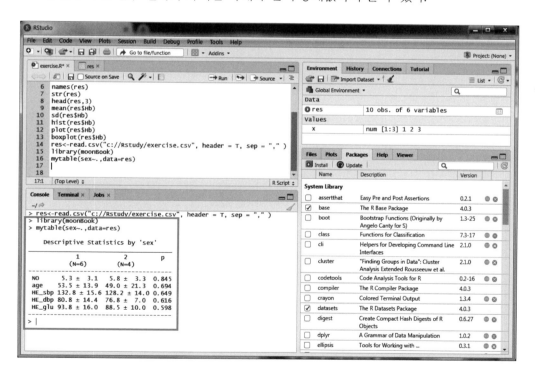

14-3) 그래프 그리는 패키지 : ggplot2

ggplot2는 그래프를 그릴 수 있게 도와주는 패키지다. 기본 명령어로 저장되어 있는 plot
이 있지만 ggplot2는 기능이 더 많다.

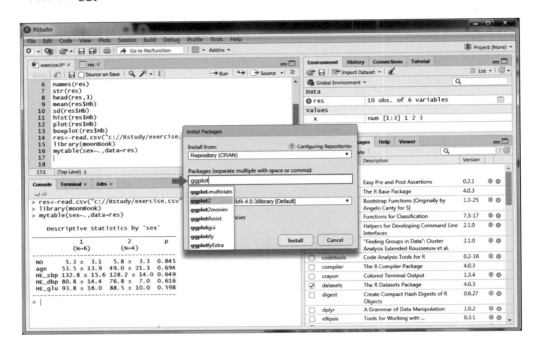

- 형식: **library**(ggplot2)
- 형식: **ggplot**(data=데이터세트 이름, aes(x=x축변수명,y=y축변수명)) + geom_point( )

⇨ 축과 바탕을 그리는 부분(ggplot)과 그래프를 그리는 부분(geom~)으로 나눠져 있다.

- **형식:** **ggplot**(data=데이터세트명, aes(x=x축 변수명,y=y축 변수명)) + **geom_point**(color = '색깔', pch = 모양, size = 크기)

▷ geom은 geometric의 약자이며 pch는 plot character의 약자다.

geom 종류	명령어
점(산점도)	geom_point( )
선	geom_line( )
상자그림	geom_boxplot( )
히스토그램	geom_histogram( )
막대그래프	geom_bar( )

geom의 pch 종류	
pch=0	□
pch=1	○
pch=2	△

geom의 pch 종류에 대해 더 알고 싶으면 구글에서 'ggplot2 pch cheat sheet'라고 검색하면 된다. color 이름을 알고 싶으면 구글에서 'ggplot2 color cheat sheet'라고 검색하면 된다. gray의 경우 농도별로 번호가 지정되어 있다. gray80 색을 사용하고 싶으면 color＝"gray80"이라고 추가하면 된다.

```
# exercise.csv를 불러온다.
res <- read.csv("c://Rstudy/exercise.csv", header = T, sep = ',')
library(ggplot2)
ggplot(data = res, aes(x = age, y = HE_sbp)) + geom_point(color = 'gray80',pch = 1,size = 1)
```

⇨ aes는 aesthetic의 약자다.

동그라미 크기가 작아서 잘 보이지 않는다. 유심히 살펴보자.

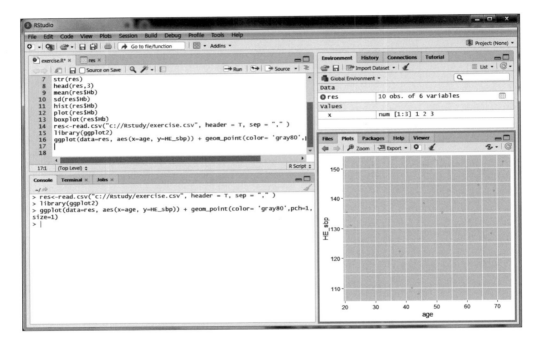

이번에는 성별(sex)에 따른 수축기혈압(HE_sbp)의 boxplot을 그려보자. 성별이 숫자형으로 인식되어 있기 때문에 먼저 요인형으로 바꿔보자.

```
# exercise.csv를 불러온다.
res <- read.csv("c://Rstudy/exercise.csv", header = T, sep = ',')

# sex 변수를 요인형으로 불러와
res$sex <- as.factor(res$sex)

# ggplot2를 불러온다.
library(ggplot2)

# aes() 안에 group = 명목변수를 포함시켜야 한다.
ggplot(data = res, aes(x = sex, y = HE_sbp, group = sex)) + geom_boxplot()
```

14-4) 데이터 핸들링을 위해 꼭 필요한 패키지 : dplyr

Package란에 dplyr를 적은 후 설치한다. dplyr는 큰 수의 데이터를 조작하는 데 필요한 도구이다. dplyr의 명령어로 filter, select, mutate, summarize, group_by가 많이 사용된다.

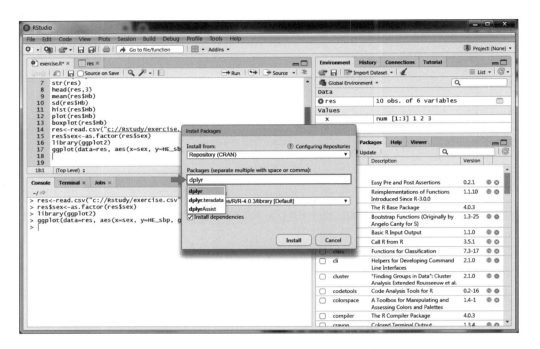

· 형식: **새로운 데이터세트 〈- 데이터세트 % 〉% filter(조건식) % 〉% select(변수명)**

데이터: exercise.csv

res 데이터세트 중에서 HE_sbp가 140mmHg 미만인 데이터를 선택하고, 그중에서 NO, age, sex 만 선택해서 res2라는 데이터세트로 저장한다.
```
library(dplyr)
res2 <- res %>% filter(HE_sbp<140) %>% select(NO,age,sex)
```

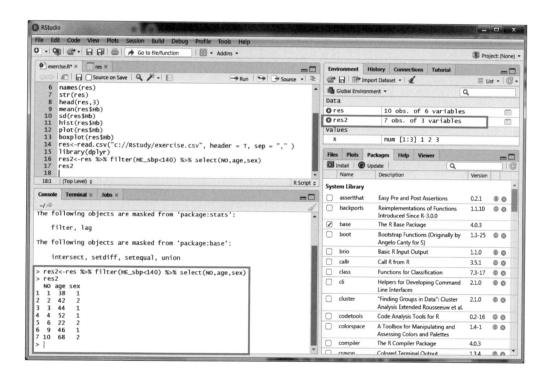

res2를 실행하면 NO, age, sex 3개 변수의 7개 자료가 보인다.

res 데이터세트에서 성별(sex)로 모아서 수축기혈압(HE_sbp)의 평균값을 구한다.
```
library(dplyr)
res %>% group_by(sex) %>% summarize(mean_sbp = mean(HE_sbp))
```

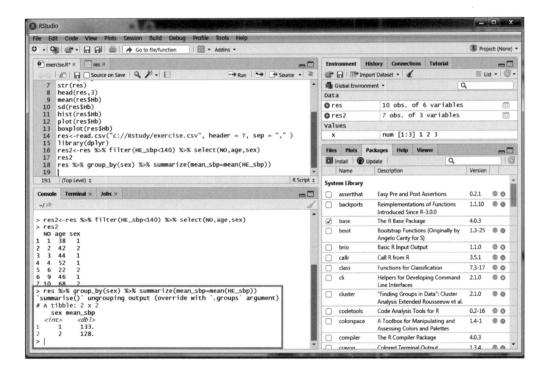

14-5) 각종 사구체여과율을 구하는 패키지 : nephro

다음은 nephro 패키지 설치 화면이다.

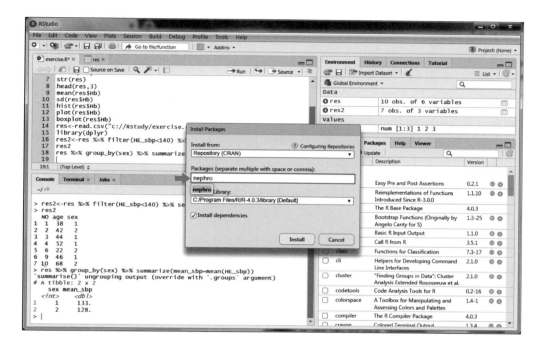

- 형식: **데이터세트$MDRD4 <- MDRD4(데이터세트$크레아티닌 변수명, 데이터세트$성별, 데이터세트$나이, 데이터세트$ethn, 'IDMS') → MDRD GFR 계산**

- 형식: **데이터세트$CKDEpi <- CKDEpi.creat(데이터세트$크레아티닌 변수명, 데이터세트$성별, 데이터세트$나이, 데이터세트$ethn) → CKDEpi GFR 계산**

⇨ 데이터세트에는 ethn 변수명이 없으므로 ethnity(인종)에는 0을 대입한다.
⇨ nephro 패키지에서 남자는 1, 여자는 0으로 인식을 한다.

데이터: exercise2.csv

```
# 남자는 1 여자는 0으로 변환해서 입력한다.
res <- read.csv("c://Rstudy/exercise2.csv", header = T, sep = ',')
library(nephro)
res$sex <- ifelse(res$sex==1,1,0)

# ethn 변수명에는 0을 대입한다.
res$ethn <- 0

# 'IDMS'는 default 값이다.
res$MDRD4 <- MDRD4(res$HE_crea, res$sex, res$age, res$ethn, 'IDMS')
res$CKDEpi.creat <- CKDEpi.creat(res$HE_crea, res$sex, res$age, res$ethn)
res$MDRD4
res$CKDEpi.creat
```

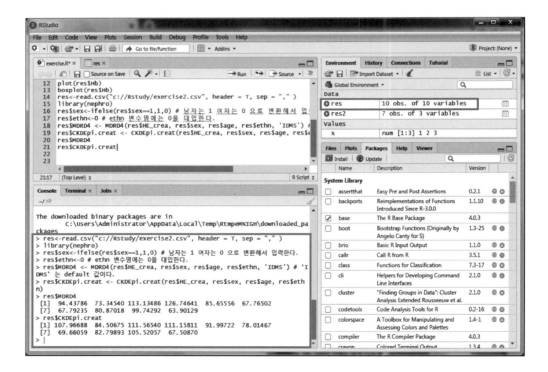

4장

R을 이용한 기본 통계 배우기

1 평균

mean(데이터세트$변수명)을 입력해 평균값을 구한다. 이때 결측치(NA)가 있으면 평균값을 구할 수 없으므로 na.rm=TRUE를 추가해 결측치를 제거한 후 평균값을 구한다. 앞서 3장에서도 언급했듯이, 결측치(missing value, NA)가 많으면 데이터 분석을 제대로 할 수 없기 때문에 자료 입력 단계에서부터 결측치가 생기지 않도록 주의해야 한다. 자료 분석을 하기 전에 결측치를 제거하도록 하자.

• 형식: **mean**(데이터세트$변수명,na.rm=TRUE)

데이터: exercise3.csv

```
# res$HE_sbp의 평균값을 구하려면 mean을 이용한다.
res <- read.csv("D://Rstudy/exercise3.csv", header = T, sep = ",")
mean(res$HE_sbp)

# res$HE_sbp에서 결측치가 있으면 평균값이 나오지 않으므로 na.rm = TRUE로 결측치를 제거한
후에 평균값을 구한다.
mean(res$HE_sbp,na.rm = TRUE)
```

명목변수에 따른 평균값을 보고자 할 때에는 **aggregate** 명령어를 사용한다.

• 형식: **aggregate**(보고자 하는 변수명,by=list(명목변수명),FUN=mean)

```
# res$HE_sbp의 평균값을 CKD 여부에 따라 구하려면 aggregate를 사용한다.
aggregate(res$HE_sbp,by = list(res$CKD),FUN = mean)
```

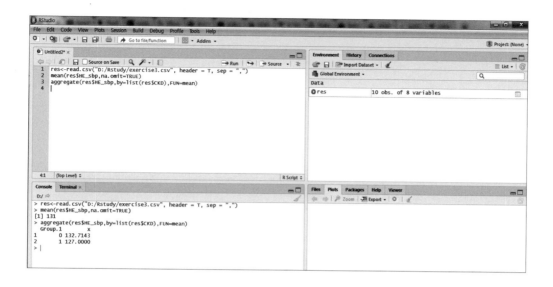

2 표준편차

sd(데이터세트$변수명)를 입력해 표준편차를 구한다. 결측치(NA) 값이 있으면 표준편차를 구할 수 없으므로 주의해야 한다.

> • 형식: **sd**(데이터세트$변수명,na.rm=TRUE)

데이터: exercise3.csv

```
# res$HE_sbp의 표준편차를 구하려면 sd를 이용한다.
res <- read.csv("D://Rstudy/exercise3.csv", header = T, sep = ",")
sd(res$HE_sbp)
```

명목변수에 따른 분산을 보고자 할 때에는 **aggregate** 명령어를 사용한다.

> • 형식: **aggregate**(보고자 하는 변수명,by=list(명목변수명),FUN=sd)

# res$HE_sbp의 분산을 CKD 여부에 따라 구하려면 aggregate를 사용한다.
aggregate(res$HE_sbp,by = list(res$CKD),FUN = sd)

3 비율 구하기

명목변수의 개수를 구할 때는 다음과 같이 입력한다.

• 형식: table(데이터세트$변수명)

데이터: exercise3.csv

```
res <- read.csv("D://Rstudy/exercise3.csv", header = T, sep = ",")
table(res$sex)
```

명목변수의 %를 구할 때는 다음과 같이 prop. table을 덧붙인다.

- 형식: **prop.table**(table(데이터세트$변수명))

```
# res$sex 변수를 명목변수로 바꾼다.
res$sex <- as.factor(res$sex)
c = table(res$sex)
prop.table(c)
```

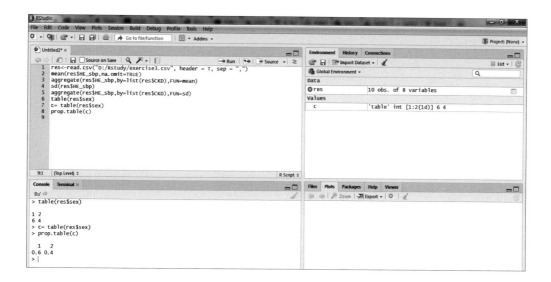

여기서 잠깐, 통계 처리의 순서를 정리해보면 다음과 같다.

- 1단계: 데이터 수집
- 2단계: 데이터 클린징 (입력값의 범위가 잘못되었는지, 결측치는 없는지 확인)
- 3단계: 정규성 검정
- 4단계: 정규성에 따른 변수 변환 (변수를 정규분포를 하는 형태로 변환)
- 5단계: t검정(t-test), 카이스퀘어 검정(chi-square test)
- 6단계: 상관분석, 회귀분석

통계 분석을 위해 확인해야 할 사항을 단계별로 꼽아보면 ① 수집한 자료 변수의 특성(연속변수, 명목변수 등) 파악하기, ② 명목변수의 개수 확인하기, ③ (비교하려는 변수가) 정규분포인지, 비정규분포인지 확인하기, ④ 통계기법표에서 통계기법 선택하기가 있다. 각각의 사항에 대해 좀 더 구체적으로 살펴보자.

① 변수의 특성 파악하기
- 명목변수: 대상을 몇 개의 군으로 나눌 수 있는 변수로 고혈압진단 여부(예, 아니오), 성별(남, 여) 등을 들 수 있다. 소득정도에 따라 4군을 나누었다면 소득정도(1군, 2군, 3군, 4군)가 명목변수이다.
- 연속변수: 연속된 값을 가지고 있는 변수로 수축기혈압, 이완기혈압, 나이 등을 들 수 있다. 나이는 연령군으로 나누면 명목변수로 바꿀 수 있다.

고혈압진단 여부에 따른 수축기혈압의 차이를 보려고 한다면, 고혈압진단 여부는 독립변수(HTN: 0 또는 1), 수축기혈압(HE_sbp) 차이는 종속변수이다.

② 명목변수의 개수 확인하기
고혈압진단 여부(독립변수)에 따른 수축기혈압의 차이(종속변수)를 보려고 한다면, 명목변수의 개수는 '고혈압진단 여부– 예, 아니오' 2개가 된다. 만약 소득정도에 따라 '4개의 군– 1군, 2군, 3군, 4군'으로 나누고 소득수준에 따른 수축기 혈압의 차이를 보려고 한다면, 명목변수의 개수는 4개가 된다. 고혈압진단 여부의 남녀 차이를 보려고 한다면, 명목변수의 개수는 고혈압진단 여부 2개, 남녀 2개로 모두 4개가 된다.

③ 정규분포인지, 비정규분포인지 확인하기
비교하려는 변수(종속변수)가 정규분포인지 비정규분포인지 확인해야 한다. (이에 관해서는 다음 4절 '정규성 검정' 부분에서 자세히 살펴보자.)

④ 통계기법표에서 통계기법 선택하기

다음과 같은 통계기법표에서 통계기법을 선택한다.

	변수의 특성	변수 개수	종속변수		
			연속변수		명목변수
독립변수	명목변수	2군	정규분포	비정규분포	χ^2-test
			Student's t-test	Mann-Whitney U test	
		3군	one-way ANOVA	Kruskal-Wallis test	χ^2-test
	연속변수		회귀분석/상관분석		로짓회귀분석

다음 실습문제에서 통계 분석의 단계별 확인 사항을 정리하고, 통계기법표를 참고해 통계기법을 선택해보자.

문제 1) 고혈압진단 여부에 따른 수축기고혈압의 차이를 보려고 한다면, 어떤 통계기법을 사용해야 할까?

① 변수의 특성 파악하기: 고혈압진단 여부(독립변수)에 따른 수축기고혈압(종속변수)의 차이 → 고혈압진단 여부(독립변수이고, 명목변수), 수축기고혈압(종속변수이고, 연속변수)

② 명목변수 개수 확인하기: 고혈압진단 여부의 명목변수의 개수는 2개다(고혈압진단＝예, 고혈압 진단＝아니오)

③ 정규분포인지, 비정규분포인지 확인하기: 수축기고혈압(종속변수)은 정규분포를 따른다.

④ 통계기법 선택하기: Student's t-test

	변수의 특성	변수 개수	종속변수		
			연속변수		명목변수
독립변수	명목변수	2군	정규분포	비정규분포	χ^2-test
			Student's t-test	Mann-Whitney U test	
		3군 이상	one-way ANOVA	Kruskal-Wallis test	χ^2-test
	연속변수		회귀분석/상관분석		로짓회귀분석

문제 2) 성별에 따른 고혈압진단 여부의 차이를 보려고 한다면, 어떤 통계기법을 사용해야 할까?

① 변수의 특성 파악하기: 성별(독립변수)에 따른 고혈압진단 여부(종속변수)의 차이 →
   성별(독립변수이고, 명목변수), 고혈압진단 여부(종속변수이고, 명목변수)

② 명목변수 개수 확인하기: 성별의 명목변수의 개수는 2개다(남자, 여자).

③ 정규분포인지, 비정규분포인지 확인하기: 명목변수는 정규성 검정이 필요 없다.

④ 통계기법 선택하기: χ^2-test

	변수의 특성	변수 개수	종속변수		
			연속변수		명목변수
독립변수	명목변수	2군	정규분포	비정규분포	χ^2-test
			Student's t-test	Mann-Whitney U test	
		3군	one-way ANOVA	Kruskal-Wallis test	χ^2-test
	연속변수		회귀분석/상관분석		로짓회귀분석

문제 3) 수축기고혈압이 고혈압 진단 여부에 영향을 주는 정도를 확인하려고 한다면, 어떤 통계기법을 사용해야 할까?

① 변수의 특성 파악하기: 수축기고혈압(독립변수)이 고혈압진단 여부(종속변수)에 영향을 주는 정도의 차이 → 수축기고혈압(독립변수이고, 연속변수), 고혈압진단 여부(종속변수이고, 명목변수)

② 명목변수 개수 확인하기: 수축기고혈압은 연속변수이다.

③ 정규분포인지, 비정규분포인지 확인하기: 명목변수(고혈압진단 여부)는 정규성 검정이 필요 없다.

④ 통계기법 선택하기: 로짓회귀분석

	변수의 특성	변수 개수	종속변수		
			연속변수		명목변수
독립변수	명목변수	2군	정규분포	비정규분포	χ^2-test
			Student's t-test	Mann-Whitney U test	
		3군	one-way ANOVA	Kruskal-Wallis test	χ^2-test
	연속변수		회귀분석/상관분석		로짓회귀분석

4 정규성 검정

각 변수에 따라 정규성 검정을 하지 않으면 통계처리 결과가 엉뚱하게 나와서 곤란을 겪는 경우가 있다.

- 정규성 검정 → 정규분포(O) → t-test
- 정규성 검정 → 정규분포(X) → log변환, 1/변환, √변환 → 정규성 재검정 → 정규분포(O) → t-test
- 정규성 검정 → 정규분포(X) → log변환, 1/변환, √변환 → 정규성 재검정 → 정규분포(X) → 비모수 검정

- 형식: **shapiro.test**(데이터세트$변수명)

데이터: exercise3.csv

```
res <- read.csv("D://Rstudy/exercise3.csv", header = T, sep = ",")
shapiro.test(res$HE_sbp)
```

⇨ p-value 값이 < 0.05가 아니면, 정규분포를 따른다. 정규분포(O).
⇨ p-value 값이 < 0.05이면, 변수변환(log변환, 1/변환, √변환)하고 재검정한다.

5 Student's t-test

t-test는 모집단의 정보를 정확히 알 수는 없지만, 분산은 같을 것으로 가정한 검정이다. 따라서 t-test를 하기 위해서는 먼저 분산이 같은지 검정해야 한다. 그런 다음 분산이 같으면 t-test를 해서 비교하고, 분산이 다르면 Welch's t-test를 해서 비교한다.

다음은 '만성콩팥병 유무에 따른 나이의 차이를 t-test를 통해 검증'하는 단계별 과정에 대한 예다.

1) 두 집단의 분산이 같은지 검정하기: var.test( )

> · 형식: **var.test**(관찰변수(종속변수)~명목변수)

데이터: exercise3.csv

> res <- read.csv("D://Rstudy/exercise3.csv", header = T, sep = ",")
> var.test(res$age~res$CKD)

➭ var.test 결과에서 p < 0.05가 아니면 분산이 같다는 귀무가설을 기각하지 못하므로 t-test를 진행하면 된다. 다시 말해, 분산이 같기 때문에 t-test를 진행하면 된다.

➭ p < 0.05가 아니면 t-test를 한다.

➭ p-value=0.243이다. p < 0.05가 아니면 분산이 같다는 귀무가설을 기각하지 못하므로 t-test를 시행하면 된다.

1-1) t-test 시행: 분산이 같은 경우

> · 형식: **t.test**(관찰변수/종속변수~명목변수/독립변수, var.equal=TRUE, data=데이터세트)

데이터: exercise3.csv

```
res <- read.csv("D://Rstudy/exercise3.csv", header = T, sep = ",")
t.test(age~CKD, var.equal = TRUE, data = res)
```

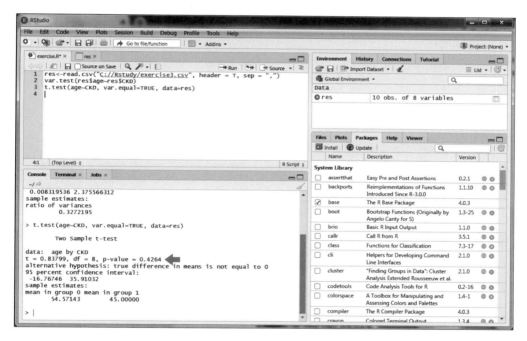

⇨ two Sample t-test 결과를 보면, p-value=0.4264이고, 맨 아래 줄에 CKD=0인 군의 평균이 54.57, CKD=1인 군의 평균이 45.00이다. p-value 값이 0.05 미만이 아니므로 두 군의 평균값의 차이가 유의미하지 않다는 귀무가설을 기각하지 못한다.

1-2) Welch's t-test 시행: 분산이 다른 경우

> · 형식: **t.test**(관찰변수~명목변수, data=데이터세트)

⇨ 명령어는 t.test로 동일하다. var.equal 값이 없으면 var.equal=FALSE가 정해진(default) 값으로 적용되고, Welch's t-test를 시행한다.

```
t.test(age~CKD, data = res)
```

⇨ t-test 후 평균값은 나오지만, 표준편차값은 나오지 않아서 논문표를 만들려면 각각 다시 구해야
  하는 번거로움이 있다.

6 비율비교

대상 수(데이터 수)가 10개 미만이면 Fisher's exact test로 비교할 것을 추천한다. 10개 이
상이면 χ^2–test로 분석한다.

> • 형식:
>   **대상 수가 10개 미만일 때: fisher.test**(명목변수, 명목변수)
>   **대상 수가 10개 이상일 때: chisq.test**(명목변수, 명목변수)

　　여기서는 exercise4.csv 자료를 불러와서 연습한다. exercise4.csv 데이터세트는 ID,
incm(소득정도), age(나이), edu(교육정도), sex(성별), HE_BMI(체질량지수), HE_sbp(수축
기혈압), HE_dbp(이완기혈압), HE_wc(허리둘레), HE_TG(중성지방), HE_HDL(고밀도콜
레스테롤), HE_glu(공복혈당), HE_HP(고혈압진단), HE_DM(당뇨병진단), HE_chol(콜레
스테롤), HE_crea(크레아티닌), HE_wt(체중), HE_ht(키), HE_HB(헤모글로빈), GFR(사구
체여과율)의 데이터로 구성된 총 1만 4930명의 데이터다.

데이터: exercise4.csv

```
# 성별에 따른 교육정도의 차이를 chisq.test를 통해 검증하고자 한다.
res <- read.csv("D://Rstudy/exercise4.csv", header = T, sep = ",")
chisq.test(res$incm,res$sex)
```

⇨ p-value 값이 0.05 미만이면 성별에 따른 교육정도의 비율 차이가 있다고 판단한다.

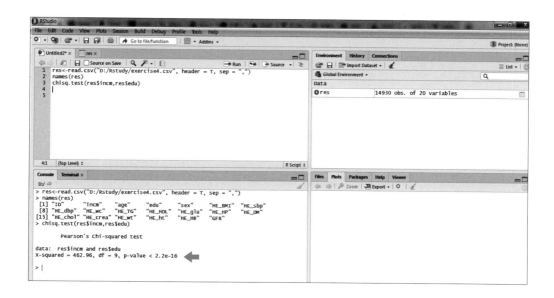

7 상관분석

연속변수 사이의 상관성을 확인하고자 할 때는 상관분석을 한다. Method는 변수가 정규분포를 하면 method=c("pearson")을, 비정규분포를 하면 method=c("kendall") 또는 method=c("spearman")을 한다.

> - 형식: **cor**(데이터세트$변수명,데이터세트$변수명, method=c("pearson", "kendall", "spearman"))
> - 형식: **cor.test**(데이터세트$변수명,데이터세트$변수명, method=c("pearson", "kendall", "spearman"))

데이터: exercise4.csv

```
# 연령과 수축기혈압의 상관성을 cor.test를 통해 검증하고자 한다.
# pearson이 정해진(defalut) 값이라서 pearson으로 할 경우는 method 부분을 생략해도 된다.
cor.test(res$age,res$HE_sbp)
```

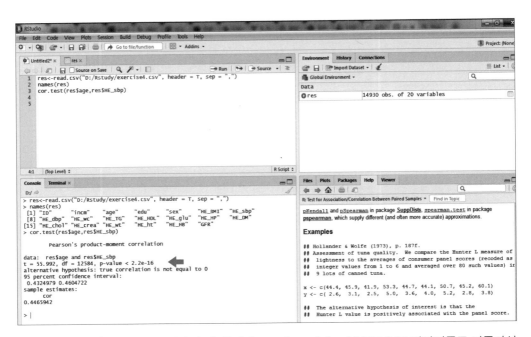

⇨ 귀무가설은 '두 변수의 상관성이 없다'이다. p-value < 2.2e−16으로 0.05 미만이므로 귀무가설
을 기각할 수 있고 두 변수의 상관성이 관찰된다.

8 회귀분석

회귀분석은 종속변수와 독립변수와의 관계를 확인하는 분석이고, 독립변수를 통해서 종
속변수를 설명하는 것이다. 예를 들어, 수축기혈압(종속변수)에 연령(독립변수)이 얼마나
영향을 주는지 알아보려면 단순회귀분석을 수행한다. 다중회귀분석은 단순회귀분석을
확장한 것으로 종속변수에 영향을 주는 독립변수들을 모두 포함하는 방법이라고 생각하
면 된다. 가령, 수축기혈압(종속변수)에 연령(독립변수1), 성별(독립변수2), 체질량지수(독립
변수3)들이 얼마나 영향을 주는지 알아보려면 다중회귀분석을 수행한다.

· 단순회귀분석 형식: lm(종속변수~독립변수, data=데이터세트)

⇨ lm은 linear model의 약자다.

데이터: exercise4.csv

```
# 회귀분석의 결과값을 out에 입력한다.
out <- lm (HE_sbp~age, data = res)

# 회귀분석의 결과를 보자.
summary(out)
```

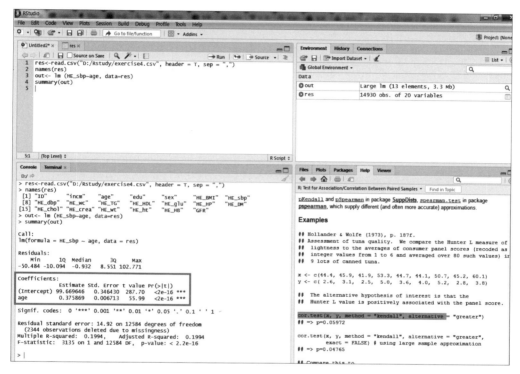

⇨ 회귀분석의 결과를 보면 추정된 회귀식은 HE_sbp=99.66+0.375∗age이다. 나이가 1씩 증가할 때에 수축기혈압은 99.66+0.375∗1 증가한다고 해석한다. 그러나 결정계수(R-squared: R^2)는 여기서 0.1944로 회귀식의 정확도는 낮은 편이다.

⇨ 결정계수(R^2)는 0~1의 값을 가지는데, 0에 가까울수록 회귀식의 정확도가 매우 낮고, 1에 가까울수록 회귀식의 정확도가 매우 높다.

⇨ age 변수는 p-value < 2e−16으로 HE_sbp에 영향이 있다.

⇨ 2e−16에서 e는 10을 −16은 지수를 나타낸다. 2e−16은 $2 \times 10^{(-16)}$이다.

이번에는 오즈비(odd ratio)와 신뢰구간(confidence interval)을 구해보자.

# 회귀계수를 구하고자 할 때 사용한다.
coef(out)

# 신뢰구간을 구하고자 할 때 사용한다.
exp(confint(out))

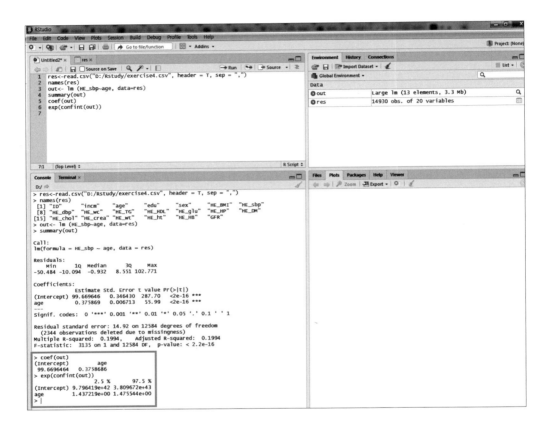

· 다중회귀분석 형식: lm(종속변수~독립변수1+독립변수2+독립변수3…, data=데이터세트)

회귀분석의 결과값을 out에 입력한다.
sex가 factor로 되어 있을 때에는 as.factor를 생략해도 된다.
out <- lm(HE_sbp~age+as.factor(sex)+HE_BMI, data=res)

# 회귀분석의 결과를 보자.
summary(out)

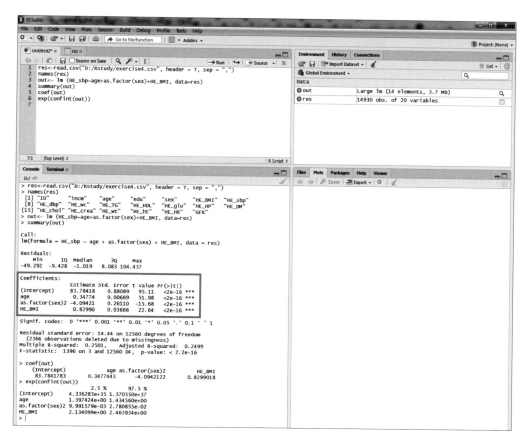

⇨ 다중회귀분석의 결과를 보면 회귀식은 HE_sbp = 83.78 + 0.3477 * age − 4.09(sex = 여자) + 0.829 * HE_BMI이다. 각 변수의 Pr(>|t|)는 < 2e−16으로 0.05보다 낮다. 나이가 1 증가할 때에는 HE_sbp가 83.78 올라가고, 여성의 경우는 4.09 낮으며, HE_BMI가 1 증가할 때에는 0.92 증가한다.

⇨ 결정계수(R^2)는 0.2501로 앞의 결과보다는 높아졌지만 그래도 낮은 편이다.

표로 만들어보면 다음과 같다.

	β	SE	95% CI		p-value
Age	0.347	0.006	1.397	1.434	〈0.001
SEX(ref=1)	−4.09	0.261	0.009	0.027	〈0.001
BMI	0.829	0.036	2.134	2.463	〈0.001

R^2 = 0.2501, BMI; body mass index

9 로지스틱 회귀분석

로지스틱 회귀분석은 종속변수[명목변수-이분형(예/아니오)]에 대한 독립변수의 영향을 관찰할 때에 사용된다. 예를 들면 고혈압진단 여부(이분형 명목변수)에 대한 체중(연속변수)의 영향, 사망에 대한 수축기고혈압과 흡연 여부의 영향 등이 해당된다.

> • 로지스틱 회귀분석 형식: glm(종속변수~독립변수1+독립변수2+독립변수3···, data=데이터세트)

고혈압진단(HE_HP)에 대해 나이(age), 성별(sex), 체질량지수(HE_BMI)의 영향을 관찰해보자. 고혈압 진단은 정상(HE_HP=1), 전단계고혈압(HE_HP=2), 고혈압(HE_HP=3) 이렇게 3개의 결과값을 가지므로 먼저 1, 2 -> 0(정상)으로, 3 -> 1(비정상)로 결과값을 바꾸는 작업이 필요하다.

항목	변수(HE_HP)	재지정
정상	1	0
전단계고혈압	2	0
고혈압	3	1

데이터: exercise4.csv

```
# HP 값이 1 또는 ( | ) 2 이면 0 을, 아니면 1 값을 입력한다. 여기서 '또는'에 사용되는 기호는 ' | ' 로 키보드에서 w키 위에 있다.
# R에서 같다는 '=='를 사용한다.
res$HE_HP <- ifelse(res$HE_HP==1 | res$HE_HP==2, 0, 1)

# 회귀분석의 결과값을 out에 입력한다.
out <- glm (HE_HP~age + as.factor(sex) + HE_BMI, data = res)

# 회귀분석의 결과를 보자.
summary(out)
```

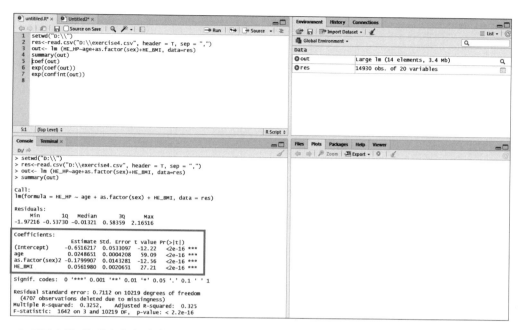

⇨ 로지스틱 회귀분석의 결과를 보면 age, (sex)2:여자인 경우, HE_BMI 세 변수 모두 Pr(>|t|)이 < 0.05로 유의하다.

세 변수들이 고혈압진단에 얼마나 영향을 주는지 오즈비를 구해보자.

```
# 고혈압진단 여부에 따른 변수들의 차이
coef(out)

# 고혈압진단 여부에 따른 변수들의 차이 log변환: e^(차이), 오즈비
exp(coef(out))

# 신뢰구간 구하기
exp(confint(out))
```

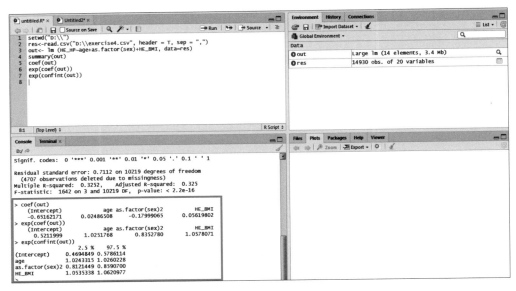

⇨ exp(coef(out))의 결과를 보면, 고혈압진단(HE_BP)에 대한 변수의 오즈비는 나이(1.0251768), 성별-여자(0.8352780), 체질량지수(1.0578071)이다.

⇨ 95% 신뢰구간은 나이의 경우 1.024~1.026, 성별(여자)의 경우 0.812~0.859, 체질량지수의 경우 1.053~1.062이다.

표로 만들면 다음과 같다.

	β	OR	95% CI		p-value
Age	0.024	1.025	1.024	1.026	〈0.001
SEX(ref=1)	−0.179	0.835	0.812	0.859	〈0.001
BMI	0.056	1.057	1.053	1.062	〈0.001

OR; odds ratio, BMI; body mass index

```
#성별 중 여자(sex = 2)를 기준으로 해서 분석할 때에는 relevel을 사용한다.
out <- lm (HE_HP~age + relevel(factor(sex),ref = 2) + HE_BMI, data = res)
```

· 형식: **relevel**(factor(명목변수명), ref = 기준변수의 값)

10 Cox 비례위험모형

Cox 비례위험모형(Cox proportional hazard model)은 시간 – 사건(사망) 결과의 예측 모형이다. 이 모형은 주어진 변수에 대해 특정 시간(t)에 사건(사망)이 발생할 확률을 예측하는 생존함수를 생성한다.

패키지는 survival을 설치한다. survival은 생존분석의 데이터 입력을 위한 패키지다.

> • Cox 비례위험모형 형식: **coxph**(Surv(시간변수, status==1)~독립변수, data = 데이터세트)

데이터: exercise5.csv

```
# survival 패키지를 불러온다. 패키지는 미리 설치한다.
library(survival)

# 데이터세트를 불러온다.
res <- read.csv("D://Rstudy/exercise5.csv", header = T, sep = ",")

# cox 비례위험모형 분석을 하자. HE_BMI 여부에 따른 CKD 발생의 위험도
out <- coxph (Surv(time,CKD==1)~HE_BMI, data = res)

# cox 비례위험모형 분석 결과를 보자.
summary(out)
```

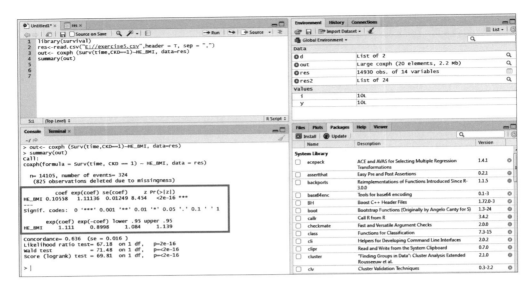

▷ exp(coef) HR(hazard ratio)은 1.111이고, p-value는 < 2e-16으로 매우 의미 있는 차이를 보인
다. 95% CI는 1.084 ~ 1.139이다.

▷ CKD의 발생위험에 대한 HE_BMI의 비례위험모형 결과는 다음과 같다.

variable	HR	95% CI	p-value
HE_BMI	1.111	1.084 ~ 1.139	〈 0.001

▷ restricted cubic spline curve를 그려보려면 5장 'R을 이용한 그래프 그리기' 5절의 내용을 참
조하자(p. 114).

11 성향점수매칭법

성향점수매칭은 연구의 선택편향을 줄이기 위한 방법으로 사용된다. 특히 단면연구의 단
점을 보완할 수 있는 좋은 방법이다. 임상연구 중에 시험군과 대조군을 비교하는 연구들
이 많이 이뤄지고 있다. 대부분 연구대상자 등록단계부터 시험군과 대조군을 무작위로 배
정해서 진행하는 연구들이다. 단면연구는 한 시점의 연구결과를 보는 것이기 때문에 시험
군과 대조군을 나눠서 본다고 해도 연구결과에 영향을 주는 요인들을 보정하는 것이 어
렵다. 따라서 이런 단점을 조금이나마 보완하기 위해 나온 분석 방법이 성향점수매칭법이
다. 예를 들면, 만성콩팥병으로 진단받은 군과 진단받지 않은 군을 비교하고자 할 때에 무

작정 2군을 나누는 것보다는 진단에 영향을 줄 수 있는 연령, 성별, 당뇨병 유무 등을 보정해서(성향점수를 구해서) 2군으로 나눈다면 좀 더 좋은 연구가 될 수 있을 것이다.

요컨대 성향점수매칭(propensity score matching)은 종속변수(만성콩팥병)에 영향을 주는 독립변수(연령, 성별, 당뇨병 유무)들의 성향점수를 구한 후 성향점수가 비슷한 사람끼리 매칭(짝짓기)해서 비교하는 방법이다.

성향점수의 원리는 크게 2가지로 요약할 수 있다.

- 종속변수(짝짓기를 하려고 하는)에 영향을 줄 것으로 생각되는 독립변수들의 회귀계수를 구한다.
- 종속변수를 회귀계수가 비슷한 것끼리 짝짓기한다.

예를 들어, 종속변수(만성콩팥병)에 영향을 줄 것으로 생각되는 독립변수들(나이, 성별)의 회귀분석을 진행해서 회귀계수를 구하고, 그 회귀계수가 비슷한 사람끼리 종속변수 여부(만성콩팥병 여부)에 따라 짝짓는다.

성향점수매칭 순서는 다음과 같다. (여기서 데이터는 exercise6.csv를 불러와 연습한다.)

① 성향점수 매칭을 위해 먼저 **MatchIt** 패키지를 설치한다.

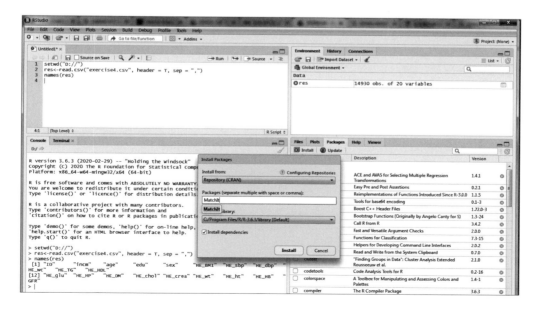

② 다음으로 lsmeans 패키지를 설치한다.

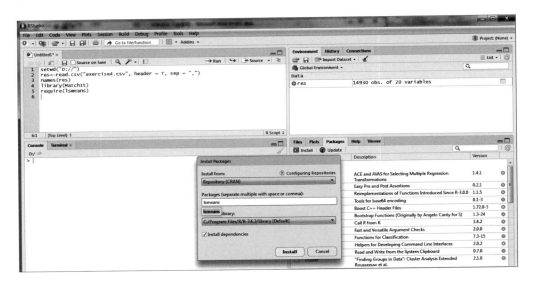

③ 성향점수매칭을 위한 데이터세트를 만든다. (data.frame)

④ 결측치가 없는 데이터세트를 만든다. (subset)
결측치가 있으면 성향점수매칭이 안 된다.

⑤ 성향점수매칭을 한다.
ⓐ m.out=matchit(종속변수~독립변수1+독립변수2, data=데이터세트, method="nearest",
ratio=1) # 최근접짝짓기(nearest matching method) 방법을 사용하여 대조군과 처치
군에 포함된 모든 연구 대상들의 추정된 성향점수(propensity score) 차이의 절댓값
이 가장 작은 순서대로 짝짓기를 한다.
ⓑ summary(m.out) # matching 결과 요약

⑥ 성향점수매칭이 된 데이터세트를 저장한다.
m.data1 <- match.data(m.out,distance="pscore") # 성향점수를 이용하여 짝짓기한 자
료를 m.data1이라는 데이터세트로 저장한다.

```
# 성향점수매칭 MatchIt, lsmeans 라이브러리 불러오기
library(MatchIt)
library(lsmeans)

# 결측치(NA)가 있는 자료 삭제
# 결측치가 있으면 match할 때에 오류가 생긴다. 결측치가 있는 자료를 삭제하자.
res <- subset(res,is.na(res$HE_BMI)==FALSE)
res <- subset(res,is.na(res$HE_sbp)==FALSE)
res <- subset(res,is.na(res$HE_dbp)==FALSE)
res <- subset(res,is.na(res$HE_wc)==FALSE)
res <- subset(res,is.na(res$HE_glu)==FALSE)
res <- subset(res,is.na(res$HE_crea)==FALSE)
attach(res)
data1 <- data.frame(age,sex,CKD,HE_BMI,HE_sbp,HE_dbp,HE_wc,HE_glu,HE_crea)
m.out = matchit(CKD~age + as.factor(sex),data = data1,method = "nearest",ratio = 1)
(2:1 matching 하려면 ratio = 2)
summary(m.out)
plot(m.out)

# matching 그래프를 보려면 jitter와 hist를 사용한다. 그림 오른쪽의 finish나 ESC 버튼을 누
르면 중단된다.
plot(m.out, type = "jitter")
plot(m.out, type = "hist")
m.data1 <- match.data(m.out,distance = "pscore")
res <- m.data1
```

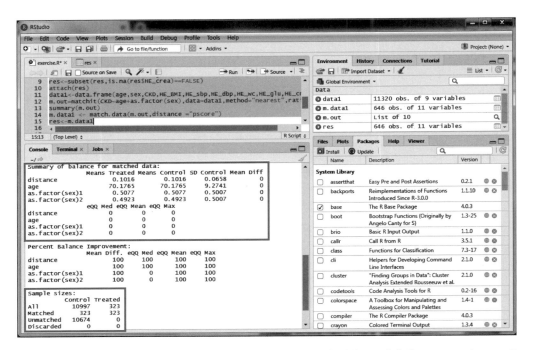

⇨ 성향점수매칭 결과를 보면, summary of balance for matched data: 아래에 age, sex＝1, sex＝2
일 때의 Treated(시험군), Control(대조군)의 평균(70.1765)과 남녀비율 0.5077/0.4923이 나와
있고, 맨 아래에 sample size가 총 10997명 중에 시험군(만성콩팥병＝1) 323명에 대해 성향점
수매칭을 하여 323명을 선택했다고 되어 있다.

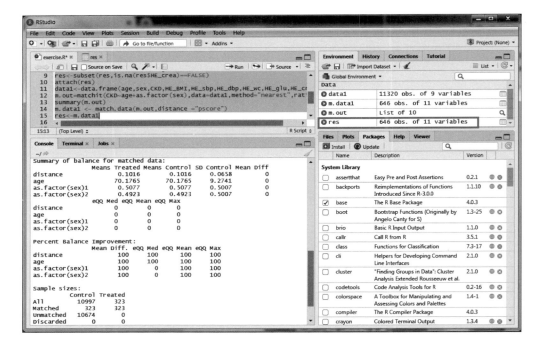

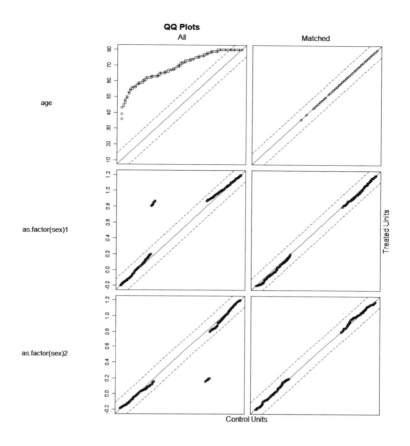

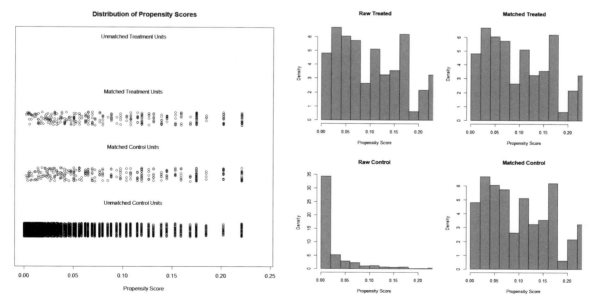

12 군집분석

군집분석(clustering analysis) 방법 중에 **K-means** 방법을 사용해보자. 주어진 데이터를
k개의 군집으로 묶는 방법으로 각 군집의 평균과 거리 차이의 분산을 비교해서 가장 작
은 것을 선택하는 것이다.

K-means 군집분석을 수행하기 위해서는 먼저 **kml** 패키지를 설치해야 한다. **Kml**은
K-means for longitudinal data를 뜻한다.

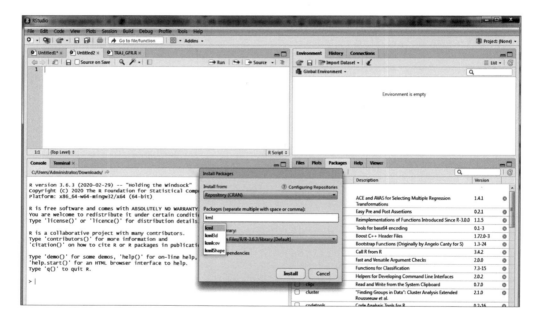

라이브러리를 불러오자.

```
library(kml)
```

kml 방법을 사용하기 위해서는 데이터의 양식이 중요하다. 가로는 시간이고, 첫 열에는 환자 일련번호가 들어간다. (여기서는 GFR_long.csv 파일을 이용한다.)

	A	B	C	D	E	F
1	PERSON_I	2010	2011	2012	2013	
2	1		55.46158		60.55172	
3	2		55.70405		37.60744	
4	3		34.88811		49.67506	
5	4		50.91563		43.44574	
6	5		55.46158		66.94752	
7	6		50.91563		60.55172	
8	7	55.83344	62.90583		62.61951	
9	8		43.64439		50.68388	
10	9		45.13481		49.67506	
11	10	55.5904			46.80501	
12	11		49.90219		49.67506	
13	12		34.88811		123.394	
14	13		40.69535		46.80501	
15	14	55.5904		55.33451	46.80501	
16	15		49.90219		49.67506	
17	16		45.13481		44.92937	
18	17		50.91563		40.51012	
19	18		34.88811		20.19025	
20	19		49.90219		62.61951	
21	20		50.91563		55.20914	
22	21		35.79326		28.58036	

2010~2013년 4년 동안 1000명의 사구체여과율을 측정한 자료이다. 데이터 형식은 A 열에는 Number가 들어가고 다음 B열부터는 자료가 들어간다.

① missing value(결측값)를 imputation(결측값 대체) 방법으로 채우는 작업을 먼저 한다. default 값으로 copy mean method – linear interpolation(선형 보간법)은 끝점의 값이 주어졌을 때 그 사이에 위치한 값을 추정하기 위하여 직선 거리에 따라 선형적으로 계산하는 방법이다.

> • 형식: imputation (데이터세트[,시작열번호:끝열번호])

⇨ 결측치가 너무 많으면 오류가 날 수 있으니 결측치가 많지 않은 데이터세트를 구하는 것이 중요하다.
⇨ 쉼표(,)를 빠뜨리지 말자.

```
setwd("D://RStudy")
library("kml")
res <- read.table("GFR_long.csv", sep = ",", header = TRUE)
# res 데이터세트의 2번 열에서 5번 열까지의 자료를 imputation한다.
imputation(as.matrix(res[,2:5]))
```

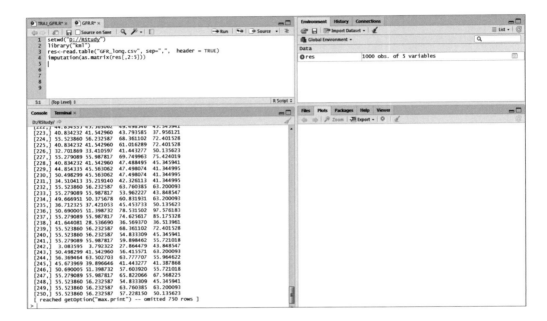

② 다음으로 시간에 따른 데이터세트를 만든다.

- 형식: **cld**(데이터세트 이름, timeInData = 시작열번호:끝열번호)

시간에 따른 데이터세트를 만들어 cldsk란 이름으로 넣어보자.

```
cldsk <- cld(res, timeInData = 2:5)
cldsk
```

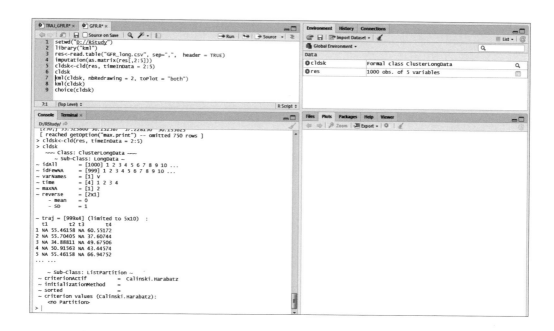

시간에 따른 데이터세트가 잘 만들어졌는지 보자. 위와 같이 나오면 잘 만들어진 것
이다.

③ 이제 clustering을 해보자. 첫 번째 방법은 plots을 클릭하면 clustering 작업을 하는
과정을 볼 수 있는 것이다. slow kml로 표현되고 그래프가 나타나게 된다. 자료가 많으
면 시간이 꽤 걸린다.

· 형식: kml(시간데이터세트, nbRedrawing=2, toplot="both")

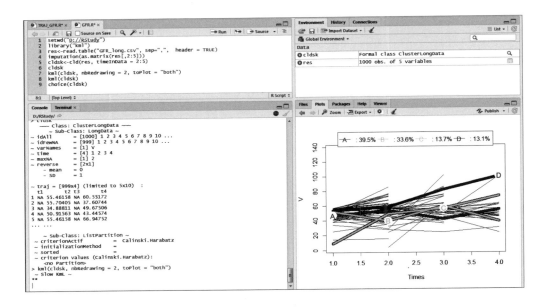

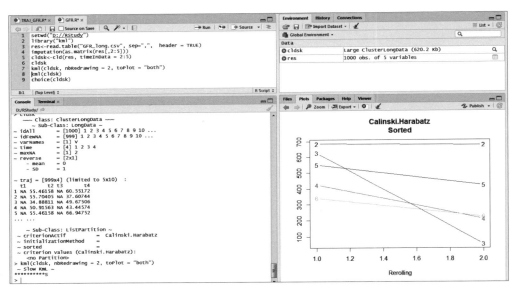

⇨ 마지막 그래프는 Calinski.Harabatz로 분류된 자료를 보여주는데, 2군으로의 분류는 처음부터 마지막까지(Rerolling 1.0에서 2.0까지) 가장 높은 점수를 유지하고 있다.

두 번째 방법은 그래픽 과정 없이 clustering을 좀 더 빠르게 할 수 있는 것이다.

• 형식: kml(시간데이터세트)

```
kml(cldsk, nbRedrawing = 2, toPlot = "both")
kml(cldsk)

# kml 중에 가장 잘된 군집의 수를 구한다.
choice(cldsk)

# res 데이터세트의 clusters라는 변수에 A, B라는 군으로 분류해서 새 변수를 만든다.
형식: getClusters(시간데이터세트 이름, 군의 개수)
res$clusters <- getClusters(cldsk,2)
```

그런 다음 가장 잘된 군집을 구해본다.

· 형식: **choice**(시간데이터세트 이름)

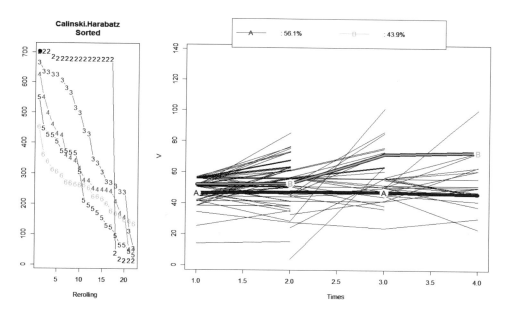

⇨ choice(cldsk)를 실행하면 위와 같은 그래프가 나온다. 오른쪽 그래프를 통해 데이터세트의 2010년을 Time 1.0으로, 데이터세트의 2013년을 Time 4.0으로 보았을 때에 2군(A군, B군)으로 나뉘고 A군이 56.1%, B군이 43.9%를 차지하는 것을 알 수 있다.

⇨ 왼쪽의 Calinski.Harabatz 방법을 보면, 20번 가까이 반복하기 전까지는 2군으로 분류하는 것이 가장 점수가 높음을 알 수 있다.

5장

R을 이용한
그래프 그리기

1 hist

데이터분포의 정규성을 검증하려면 Shapiro.test를 사용하면 되지만, 히스토그램(histogram)으로 정규분포를 하고 있는지 확인할 수도 있다.

> • 형식: hist(데이터세트$변수명, main="제목")

데이터: exercise3.csv

```
setwd("D://")
res <- read.csv("D://exercise3.csv", header = T, sep = ",")

# HE_glu 변수의 히스토그램을 확인한다. hist(변수, main="제목")
hist(res$HE_glu, main = "The value of glucose")
```

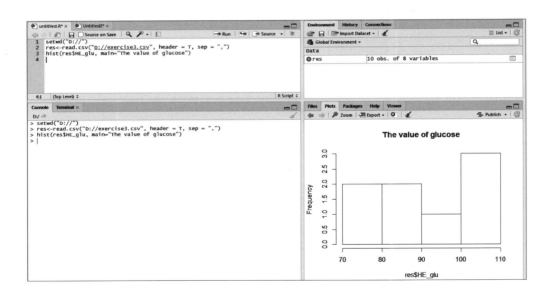

2 plot

연속변수 간의 관계를 그림으로 나타낼 때에 사용한다.

- 형식: **plot**(X축의 데이터세트$변수명, Y축의 데이터세트$변수명, type="p")
- 형식: **plot**(X축의 변수명, Y축의 변수명, data=데이터세트, type="p")

Type = " "	
p	점으로 (point) – default
l	선으로 (line)
o	점과 선 동시에 (overplotted)

# 연령과 수축기고혈압의 관계를 그려봅시다.
plot(resage, resHE_sbp)

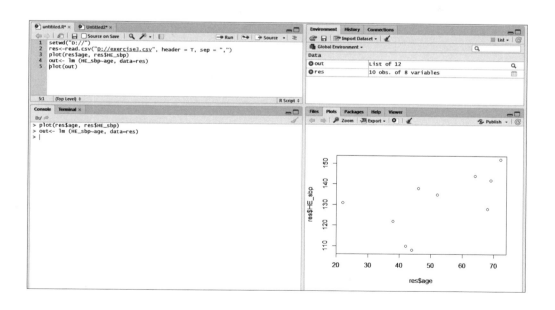

```
# 앞의 회귀분석의 결과를 그래프로 그려볼 수 있다.
out <- lm (HE_sbp~age, data = res)

# 결과보기
plot(out)
```

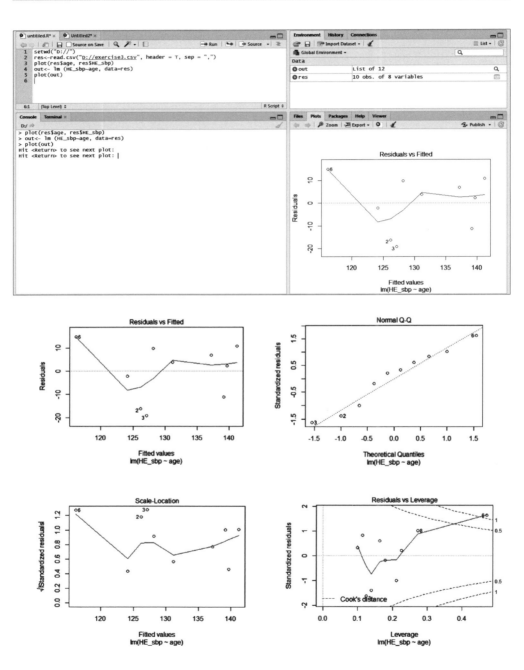

3 barplot

명목변수의 빈도를 그림으로 나타낼 때에 사용한다. matrix 형태로 만들어서 입력해야 barplot 형태로 그릴 수 있다.

- 형식: **barplot**(matrix 형태의 명목변수명)
  #matrix 형태로 만들 때는 table 함수를 사용한다.

- 형식: **barplot**(matrix 형태의 명목변수명, main="제목", xlab="x축 제목", ylab="y축 제목", col=c("색1", "색2"), ylim=c(y축의 시작값, y축의 끝값)

```
# res$sex 변수를 table로 만들고
table(res$sex)

# res$sex 남여 비를 구한다.
d <- prop.table(table(res$sex))

# 100을 곱해 비율을 구한다.
d2 <- d*100

# col(color의 약어)로 x축의 개수에 따라 색깔을 정하면 된다.
barplot(d2, main = "sex ratio", xlab = "sex", ylab = "percent", col = c("green",
"yellow"), ylim = c(0,100))
```

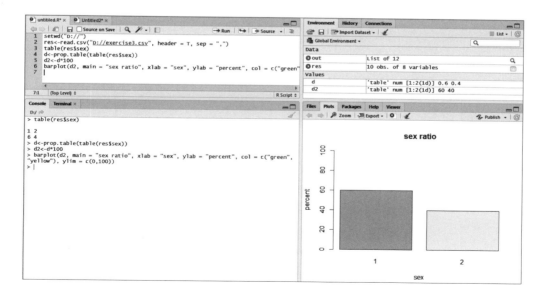

4 boxplot

연속변수에 대해 boxplot을 그리고자 할 때 이용한다.

- 형식: **boxplot**(데이터세트$연속변수명)
- 형식: **boxplot**(데이터세트$연속변수명~데이터세트$명목변수명)
- 형식: **boxplot**(연속변수명~명목변수명, data=데이터세트, main="제목", xlab="x축 제목", ylab="y축 제목", col=c("색1", "색2"), xlim=c(x축의 시작값, x축의 끝값), ylim=c(y축의 시작값, y축의 끝값), names=c("X축의 명목변수이름1", "X축의 명목변수이름2"))

\# names는 명목변수에서 각 요인의 이름을 지정한다. 여기서는 여자, 남자가 된다.
boxplot(HE_sbp~sex, data=res, main="sex ratio", xlab="sex", ylab="percent", col=c("green", "yellow"), ylim=c(40,200), names=c("woman","man"))

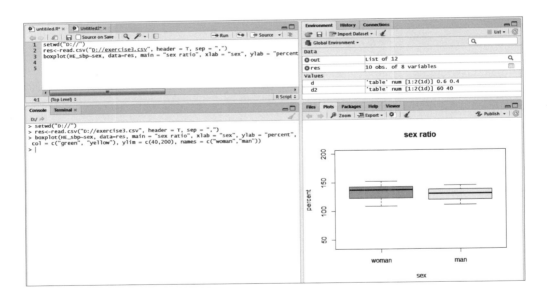

legend를 넣는 방법은 다음과 같다.

위치		bottomright, bottom, bottomleft, left, topleft, top, topright, right, center
cex	글자 크기	0.5=기본값보다 50% 작게 1=기본값 1.5=기본값보다 50% 크게
lty (line type)	선 모양	0=그리지 않음 1=실선(기본값) 2=대시(-)로 표시, 3=점으로 표시 4=점과 대시 5=긴 대시(-) 6=2개의 대시

```
legend("topleft",c("남자","여자"),cex=1,lty=1,fill=rainbow(2))
```
\# 그래프의 색과 같게 하려면 fill 다음을 그래프 색과 같게 바꾼다.
```
legend("topleft",c("남자","여자"),cex=1,lty=1,fill=c("woman","man"))
```

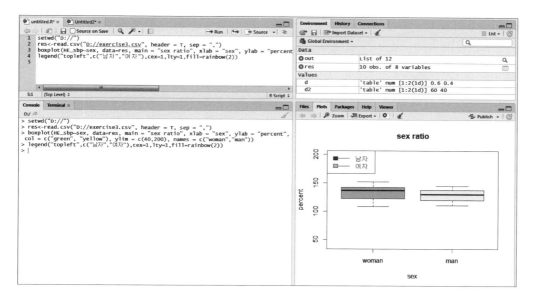

[plots] 아래의 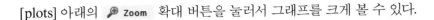 확대 버튼을 눌러서 그래프를 크게 볼 수 있다.

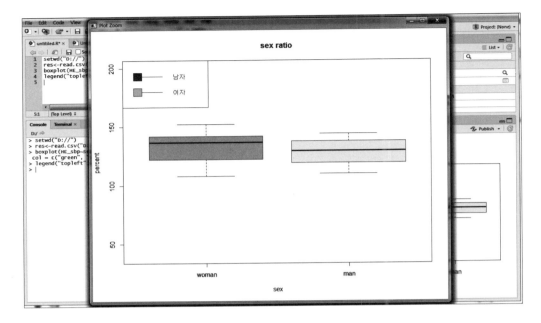

5 restricted cubic spline curve

restricted cubic spline curve는 오즈비(odds ratio)나 위험도비(hazard ratio)를 3차 곡선으로 표현하고자 할 때 사용한다. restricted cubic spline curve를 R에서 그리기 위해서 먼저 rms 패키지를 설치해야 한다.

> • 형식: **데이터세트 ⟨– lrm**(종속변수~rcs(독립변수, knots), data=데이터세트명)

⇨ lrm은 linear regression model의 약자다.
⇨ knots는 독립변수를 나누는 구간 수이다.

⇨ 여기서 model은 linear regression model인 res2이다.
⇨ ref.zero는 cox 모형에서 reference 값을 1.0으로 할 때 사용한다(T＝TRUE).
⇨ fun＝exp는 odds ratio를 구하기 위한 옵션이다.

데이터: exercise5.csv

```
# rms 패키지를 불러온다.
library(rms)

# 데이터를 불러온다.
res <- read.csv("D://Rstudy/exercise5.csv", header = T, sep = ",")

# res에 대해 종속변수에 대한 독립변수의 효과와 plot의 범위를 미리 정한다.
d <- datadist(res)
options(datadist = "d")

# CKD에 대한 HE_BMI(대략 4분위로 구분한)의 회귀분석을 구한다.
res2 <- lrm(CKD~rcs(HE_BMI,4), data = res)

# 예측값을 구하고, 그래프를 그린다.
ggplot(Predict(res2,HE_BMI,ref.zero = T, fun = exp)) +

# 그래프의 제목을 넣는다. + 넣는 것을 잊지 말자.
ggtitle("odds ratio plot") +

# y축 제목을 넣는다. + 넣는 것을 잊지 말자.
ylab("OR for CKD") +

# 바탕색을 흰색으로 바꾼다.
theme_bw()
```

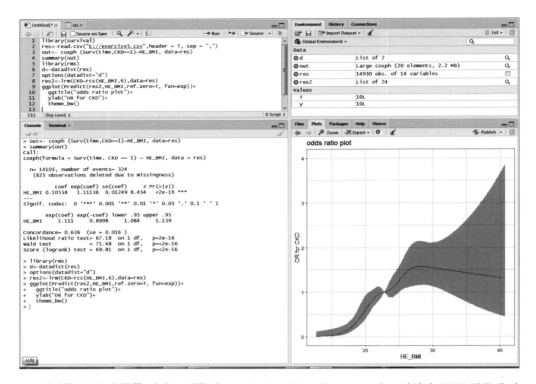

⇨ 결과를 보자. 오른쪽 아래 그래프에 restricted cubic spline curve가 그려졌다. BMI 정도에 따른 CKD 오즈비의 변화 그래프이다.

6 correlation matrix

correlation matrix를 R에서 그리기 위해 먼저 corrplot 패키지를 설치한다.

• 형식: **corrplot**(상관계수값 데이터세트, method="옵션", type="옵션")

⇨ method에는 circle, number, shade, color 등이 있다.
⇨ type에는 upper, lower, full이 있다.

```
# exercise7.csv를 불러온다.
res <- read.csv("D://Rstudy/exercise7.csv", header = T, sep = ",")

# 상관분석을 위해서 결측치를 제거한다.
res <- na.omit(res)

# 상관분석 결과(값)를 res2에 넣는다. (4장 7절 '상관분석' 참고, p. 85)
res2 <- cor(res)

# corrplot 패키지를 불러온다.
library(corrplot)
corrplot(res2,method = "circle")
```

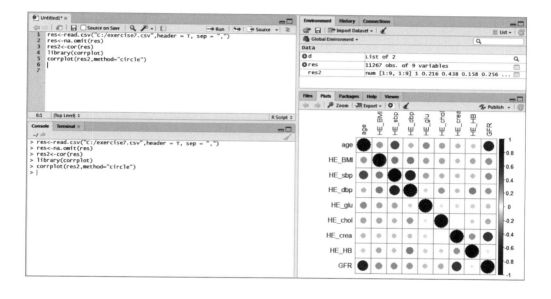

6장

국민건강영양조사 살펴보기

국민건강영양조사란 '국민의 건강 및 영양 상태에 관한 현황 및 추이를 파악하여 정책적 우선순위를 두어야 할 건강취약집단을 선별하고, 보건 정책과 사업이 효과적으로 전달되고 있는지를 평가하는 데 필요한 통계를 산출하는' 것이다(국민건강영양조사 홈페이지 https://knhanes.cdc.go.kr/knhanes/main.do 인용).

국민건강영양조사는 매년 192개 지역의 25가구를 확률표본으로 추출하여 만 1세 이상 가구원 약 1만명을 조사한다. 대상자의 생애주기별 특성에 따라 소아(1~11세), 청소년(12~18세), 성인(19세 이상)으로 나누어 각기 특성에 맞는 조사항목을 적용하는데 실제로 매년 약 8000명 이상의 결과가 나온다.

[표 6-1] 국민건강영양조사 조사 분야 및 내용

조사 분야	조사 내용 ※ 제8기 1차년도(2019년) 조사 기준
검진조사	비만, 고혈압, 당뇨병, 이상지질혈증, 간질환, 신장질환, 빈혈, 폐질환, 구강질환, 근력, 안질환, 이비인후질환
건강설문조사	가구조사, 흡연, 음주, 비만 및 체중조절, 신체활동, 이환, 의료이용, 예방접종 및 건강검진, 활동제한 및 삶의 질, 손상(사고 및 중독), 안전의식, 정신건강, 여성건강, 교육 및 경제활동, 구강건강
영양조사	식품 및 영양소 섭취현황, 식생활행태, 식이보충제, 영양지식, 식품안정성, 수유현황, 이유보충식

국민건강영양조사는 1998년부터 3년 간격을 두고 하다가 2007년부터 매년 시행하고 있다. 시행년도의 후반기에는 데이터 정리를 하고, 그다음 해에 공개한다. 제4기부터 3년을 묶어서 진행하고 있다.

[그림 6-1] 국민건강영양조사 조사표 화면

조사는 검진조사, 건강설문조사, 영양조사 크게 세 부분으로 구성된다.

- **검진조사**: 기본조사표, 가족력, 갑상성질환, 폐기능검사, 결핵검사(흉부X선), 구강검사, 안검사, 색각검사, 소음노출검사, 이비인후과검사, 골밀도검사, 골관절염검사, 근력검사
- **건강설문조사**: 성인, 청소년, 소아
- **영양조사**: 식생활조사, 식품섭취조사, 식품섭취빈도조사, 식품안정성조사

국민건강영양조사 홈페이지에 가면 [그림 6-1]과 같이 검진조사, 건강설문조사, 영양조사 각 항목에 대한 조사표를 확인할 수 있고 파일을 다운로드할 수도 있다. 국민건강영양조사 결과는 매년 발표회를 통해 공개되고, 자료 활용 워크숍이 열리기도 한다.

[그림 6-1] 왼쪽 아래를 보면 QUICK MENU가 있다. 여기서 '원시자료다운로드'를 클릭하면 다음과 같은 화면이 나온다. 자료를 받기 위해 이메일을 입력하고 확인 버튼을 눌러보자.

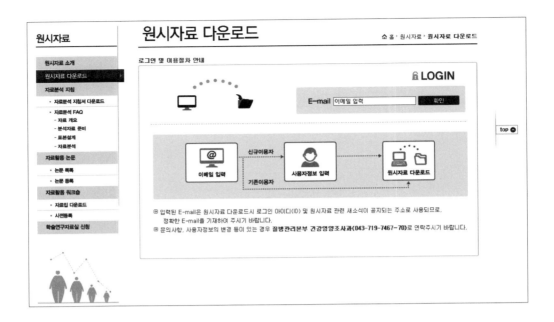

1998년부터 2018년도까지 원시자료를 SAS와 SPSS 파일로 내려받을 수 있다(2021년 1월 기준). 매년 원시자료 DB는 영양조사 코드자료집, 원시자료이용지침서, 원시자료(기본 DB, 검진조사, 영양조사)로 구성되어 있다. 2018년 자료를 살펴보자. 2019년 자료는 2021년 2월 공개 예정이다.

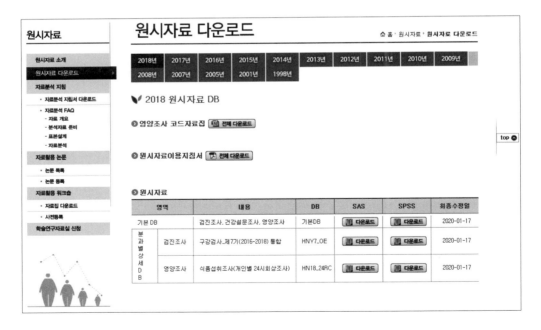

먼저 원시자료이용지침서를 내려받아 보자. 파일 이름은 '★국민건강영양조사+원시자료+이용지침서_제7기(2016-2018)ver200115(배포용)'으로 되어 있다. 아래한글 파일을 열어 42쪽의 '7. 원시자료 DB 구성'을 살펴보면 자료의 파일 이름이 어떻게 되어 있는지와 자료의 개수에 대한 설명이 나와 있다. 2018년도의 건강설문조사에서 가구조사, 검진조사, 영양조사는 'HN18_ALL'의 이름으로 저장되어 있다.

표 24. 연도별, 조사부문영역별 파일명 및 자료의(변수의) 개수

자료의 개수 (변수의 개수)	제1기 (1998)	제2기 (2001)	제3기 (2005)	제4기 (2007)	(2008)	(2009)	제5기 (2010)	(2011)	(2012)	제6기 (2013)	(2014)	(2015)	제7기 (2016)	(2017)	(2018)
■건강설문조사															
가구조사 (HNYR_ALL)	39,060 (47)	37,769 (47)	34,145 (57)	4,594 (49)	9,744 (60)	10,533 (62)	8,958 (40)	8,518 (48)	8,058 (40)	8,018 (56)	7,550 (41)	7,380 (43)	8,150 (41)	8,127 (49)	7,992 (43)
건강면접조사 (HNYR_ALL)	39,060 (78)	37,769 (816)	34,145 (355)	4,148 (771)	9,281 (771)	10,051 (774)	8,388 (449)	7,895 (441)	7,337 (429)	7,277 (330)	6,888 (369)	6,904 (411)	7,797 (461)	7,700 (506)	7,642 (448)
건강행태조사 (HNYR_ALL)	10,808 (111)	9,170 (146)	23,000 (162)	-	-	-	-	-	-	-	-	-	-	-	-
손상및의료이용 (HNYR_IJMT)	39,060 (216)	37,769 (548)	34,145 (1,510)	4,148 (830)	9,281 (1233)	10,051 (874)	8,388 (609)	7,895 (697)	7,337 (425)	7,277 (256)	6,888 (324)	6,904 (248)	-	-	-
이환카드 (HNYR_DSRAW)	39,060 (350)	37,769 (414)	-	-	-	-	-	-	-	-	-	-	-	-	-
■검진조사															
검진조사 (HNYR_ALL)	9,771 (70)	9,702 (68)	7,597 (130)	4,246 (74)	9,307 (109)	10,078 (137)	8,473 (185)	8,055 (172)	7,713 (169)	7,571 (243)	7,167 (213)	6,976 (211)	7,803 (194)	7,707 (192)	7,689 (163)
구강검사 (HNYR_OE)	-	-	-	4,246 (335)	9,307 (346)	10,078 (348)	8,473 (315)	7,836 (308)	7,353 (314)	7,507 (314)	7,167 (314)	6,977 (314)	16,489 (315)		
안검사 (HNYR_EYE)	-	-	-		4,846 (212)	9,760 (227)	8,141 (209)	7,791 (216)	7,444 (163)	-	-	-	-	-	-
이비인후검사 (HNYR_ENT)	-	-	-		4,592 (132)	10,065 (152)	8,313 (142)	7,887 (123)	7,421 (104)	-	-	-	-	-	-
골밀도검사 (HNYR_DXA)	-	-	-		3,583 (156)	7,920 (159)	7,043 (140)	2,757 (114)	-	-	-	-	-	-	-
■영양조사															
영양조사 (HNYR_ALL)	11,267 (99)	10,000 (122)	9,004 (176)	4,099 (205)	8,641 (208)	9,397 (211)	8,027 (132)	7,715 (132)	7,024 (92)	7,242 (96)	6,803 (96)	6,630 (96)	7,049 (76)	7,169 (76)	7,069 (76)
식품섭취조사 (HNYR_24RC)	454,841 (36)	430,890 (42)	420,794 (45)	197 (48)	418,628 (51)	462,127 (51)	476,964 (72)	451,014 (72)	415,443 (55)	472,354 (85)	446,753 (85)	447,718 (100)	548,239 (99)	529,444 (99)	509,819 (84)
식품섭취빈도조사 (HNYR_FFQ)	-	-	-	-	-	-	-	-	3,984 (401)	4,152 (402)	3,810 (402)	3,302 (402)	3,371 (402)	-	-

원시자료의 구성을 좀 더 자세히 살펴보자. '★국민건강영양조사＋원시자료＋이용지침서_제7기(2016-2018)ver200115(배포용)' 파일의 44쪽을 보자. 1. 건강설문조사 → 1-1. 가구조사 아래의 표를 보면, 색이 칠해진 부분은 각 연도별로 조사가 진행된 부분을 말해준다. 기초생활수급 여부는 제4기 2007년부터 조사가 진행되었음을 알 수 있다.

1. 건강설문조사

1-1. 가구조사

조사항목	제1기 (1998)	제2기 (2001)	제3기 (2005)	제4기 (2007-2009)	제5기 (2010-2012)	제6기 (2013-2015)	제7기 (2016-2018)
■ **가구설문**							
가구원수	■	■	■	■	■	■	■
세대유형	■	■	■	■	■	■	■
기초생활수급				■	■	■	■
주택소유			■	■	■	■	■
소유주택 가격				■		■	■
현거주지 거주기간				■		■	■
과거거주지 거주기간				■		■	■
현거주지 주택형태	■		■	■	■	■	■
가구소득	■						
주 생계부양자				■	■	■	■
■ **가구원설문**							
성별	■	■	■	■	■	■	■
생년월일(만나이)	■	■	■	■	■	■	■

이번에는 67쪽의 '임상검사 항목 연도별 공개변수 비교'를 보면, 각 검사에 대한 대상자와 검사 방법이 자세히 나와 있다. 연도별로 검사 값을 비교할 때에 유용한 자료이다.

81쪽의 변수설명서도 확인해보자. 변수설명서는 자주 열어보고 확인하는 것이 좋다. 연도별로 변수이름과 해당 코드가 다른 경우가 있기 때문에 여러 해를 분석할 때에는 '원시자료 이용지침서'를 보고 연도에 따라 관찰하려는 변수가 다르지 않은지 확인해야 한다. 변수는 ① 기본 변수, ② 건강설문조사, ③ 검진조사, ④ 영양조사로 구분된다.

① 기본 변수에서 변수명을 잘 확인한다. 개인 아이디는 ID라는 변수명으로 부여되고, 성별은 sex, 만나이는 age라는 변수명으로 부여된다. 성별(sex) 1은 남자, 2는 여자로 구분되고, 만나이(age)에서 80세 이상은 '80'으로 입력된다. 변수유형 N(3)은 세 자릿수(number)로 되어 있다는 것이다.

1. 기본 변수

변수유형	변수명	변수설명	내용
C(12)	mod_d	최종 DB 수정일	
C(10)	ID	개인 아이디	A 0 0 1 0 0 0 1 0 1 조사구번호 거처주거번호 가구원번호
C(8)	ID_fam	가구 아이디	A 0 0 1 0 0 0 1 조사구번호 거처주거번호
N(4)	year	조사연도	
N(2)	region	17개 시도	1. 서울 7. 울산 13. 전북 / 2. 부산 8. 세종 14. 전남 / 3. 대구 9. 경기 15. 경북 / 4. 인천 10. 강원 16. 경남 / 5. 광주 11. 충북 17. 제주 / 6. 대전 12. 충남
N(1)	town_t	동/읍면 구분	1. 동 / 2. 읍·면
N(1)	apt_t	아파트 구분	1. 일반 / 2. 아파트
C(4)	psu	조사구번호	
N(1)	sex	성별	1. 남자 / 2. 여자
N(3)	age	만나이[1]	□□ 세 / 1~79. 1~79세 / 80. 80세이상
N(2)	age_month	월령	□□ 개월 (만1~6세) / 1. 하

② 건강설문조사의 '2-1. 가구조사'를 보면 가구원수는 변수명이 cfam으로 N(1)이니 한 자릿수(number)로 되어 있는 것이다. 가구원수를 모르거나 응답하지 않은 경우는 9로 표기된다.

2. 건강설문조사

2-1. 가구조사

문항번호	변수유형	변수명	변수설명	내용
■ 가구공통설문				
1	N(1)	cfam	가구원수[1]	1. 1명 2. 2명 3. 3명 4. 4명 5. 5명 6. 6명 이상 9. 모름, 무응답
2	N(1)	genertn	가구 세대구성코드[1]	1. 1세대 가구 – 1인가구 2. 1세대 가구 – 부부 3. 1세대 가구 – 기타 4. 2세대 가구 – 부부+미혼자녀 5. 2세대 가구 – 편부모+미혼자녀 6. 2세대 가구 – 기타 7. 3세대 이상 가구 9. 모름, 무응답

93쪽의 '2-2-2. 건강설문 이환–고혈압'을 보면 '고혈압 현재 유병 여부'는 한 자릿수 (number)로 되어 있고, 고혈압을 현재 앓고 있지 않으면 0, 앓고 있으면 1, 해당되지 않으면(청소년, 소아, 의사진단 받지 않음) 8, 이외에 모름 또는 무응답이면 9로 표기되어 있다.

2-2-2. 건강설문 이환 - 고혈압

문항번호	변수유형	변수명	변수설명	내용
3-1	N(1)	DI1_dg	고혈압 의사진단 여부	0. 없음 1. 있음 8. 비해당(청소년, 소아) 9. 모름, 무응답
3-2	N(3)	DI1_ag	고혈압 진단시기[1]	□□□ 만_세 0~79. 0~79세 80. 80세이상 888. 비해당 　　(청소년, 소아, 의사진단 받지 않음) 999. 모름, 무응답
3-3	N(1)	DI1_pr	고혈압 현재 유병 여부	0. 없음 1. 있음 8. 비해당 　　(청소년, 소아, 의사진단 받지 않음) 9. 모름, 무응답

다시 한 번 강조하면 '원시자료 이용지침서'는 자주 읽어보아야 한다. 어떤 것을 조사했는지 보고 있으면 새로운 연구 아이디어가 떠오를 수 있다.

7장

R을 이용한 논문 쓰기 1

국민건강영양조사 자료를 가지고 '만성콩팥병 환자의 임상적, 사회적인 특성의 연도별 추이'를 관찰해보자. 2013년부터 2015년까지 3개년간의 추이를 살펴본다.

먼저, 만성콩팥병 환자에서 임상적, 사회적인 특징을 어떤 변수를 가지고 확인할 것인지 생각해보자. 국민건강영양조사 원시자료를 이용하기 위해서 국민건강영양조사 제6기(2013년~2015년)의 원시자료 이용지침서를 내려받아 열어보자. 원시자료 이용지침서를 보고 임상적, 사회적 특징에 해당하는 변수를 찾아보자.

임상적 특징	개인 아이디, 조사연도, 나이, 성별, 허리둘레, 키, 체중, 체질량지수, 비만, 과체중, 수축기혈압, 이완기혈압, 총콜레스테롤, 중성지방, 공복혈당, 고혈압 유병여부, 당뇨병 유병여부, 공복혈당장애, 대사증후군 유병여부, 혈청크레아티닌, 사구체여과율, 요단백
사회적 특징	소득수준, 월평균 가구총소득, 교육수준, 직업, 종사상지위, 결혼상태, 가구원수, 가구 세대구성, 건강보험종류, 기초생활수급여부, 주택소유여부, 주택형태, 필요의료서비스 미검진 여부, 필요의료서비스 미검진여부 사유, 주관적 건강상태, 최근 2주간 몸이 불편했던 경험 유무, 최근 2주간 불편감 일수, 하루 에너지 섭취량, 하루 나트륨 섭취량, 외식 횟수

자료를 분석하기 위해 생각하고 있는 변수의 이름을 알아야 한다. 국민건강영양조사 원시자료 이용지침서를 펼쳐서 변수이름을 입력해보자.

임상적 특징	개인 아이디(ID), 조사연도(year), 나이(age), 성별(sex), 허리둘레(HE_wc), 키(HE_ht), 체중(HE_wt), 체질량지수(HE_BMI), 비만(HE_obe), 과체중(HE_obe), 수축기혈압(HE_sbp), 이완기혈압(HE_dbp), 총콜레스테롤(HE_chol), 중성지방(HE_TG), 공복혈당(HE_glu), 혈청크레아티닌(HE_crea), 사구체여과율(*), 요단백(HE_Upro), 고혈압 유병여부(HE_HP), 당뇨병 유병여부(HE_DM), 공복혈당장애(HE_DM), 대사증후군 유병여부(*)
사회적 특징	소득수준(incm), 월평균 가구총소득(ainc), 교육수준(edu), 직업(occp), 종사상지위(EC_stt_1), 결혼상태(marri_2), 가구원수(cfam), 가구 세대구성(genertn), 건강보험종류(tins), 기초생활수급여부(allownc), 주택소유여부(house), 주택형태(live_t), 필요 의료서비스 미검진 여부(M_1_yr), 필요의료서비스 미검진여부 사유(M_1_rs), 주관적 건강상태(D_1_1), 최근 2주간 몸이 불편했던 경험 유무(D_2_1), 최근 2주간 불편감 일수(D_2_자), 하루 에너지 섭취량(N_EN), 하루 나트륨 섭취량(N_NA), 외식 횟수(L_OUT_FQ)

*는 계산해야 하는 값.

원시자료 이용지침서를 읽고, 원하는 변수가 원시자료 중 어떤 파일에 있는지 확인해야 한다. 임상적 특징 변수는 기본 DB(HN13_ALL.sav)에 있고, 사회적 특징 변수 중 교육정도는 건강설문조사(HN13_IJMT)에 있다. 따라서 기본 DB, HN13_IJMT 파일의 SAS 데이터를 다운로드하자. 2014년은 HN14로, 2015년은 HN15로 시작한다.

1 만성콩팥병 환자 정의, 임상적 질환 정의

(1) 국민건강영양조사 자료 불러오기: 원시자료에서 기본 DB(HN13_ALL.sav), 손상 및
의료이용(HN13_IJMT), 식품섭취조사(개인별 24시간 식이회상조사)(HN13_24RC)를 불
러온다.

　① 파일은 모두 D: 드라이브의 KHANES 디렉터리에 저장한다. 파일 중에 압축파일
도 있으니 압축파일은 같은 디렉터리에 풀어서 저장하도록 하자.

이름	수정한 날짜	유형	크기
hn13_24RC.sav	2020-02-15 오전…	SAV 파일	1,572,077…
hn13_24RC	2020-02-15 오전…	압축(ZIP) 폴더	135,366KB
hn13_all.sav	2020-02-15 오전…	SAV 파일	111,870KB
hn13_ijmt.sav	2020-02-15 오전…	SAV 파일	537,864KB
hn13_ijmt	2020-02-15 오전…	압축(ZIP) 폴더	9,691KB
hn14_24RC.sav	2020-02-15 오전…	SAV 파일	1,514,795…
hn14_24RC	2020-02-15 오전…	압축(ZIP) 폴더	132,050KB
hn14_all.sav	2020-02-15 오전…	SAV 파일	112,606KB
hn14_ijmt.sav	2020-02-15 오전…	SAV 파일	608,531KB
hn14_ijmt	2020-02-15 오전…	압축(ZIP) 폴더	10,511KB
hn15_24RC.sav	2020-02-15 오전…	SAV 파일	2,060,232…
hn15_24RC	2020-02-15 오전…	압축(ZIP) 폴더	145,412KB
hn15_all.sav	2020-02-15 오전…	SAV 파일	120,115KB
hn15_ijmt.sav	2020-02-15 오전…	SAV 파일	478,954KB
hn15_ijmt	2020-02-15 오전…	압축(ZIP) 폴더	8,237KB

```
# set working directory로 작업 디렉터리를 정하는 것이다.
setwd("D://KHANES")
```

```
# read.spss는 spss를 읽어오는 명령어인데 foreign 패키지를 설치해야 한다. Library는
foreign 패키지를 사용하겠다고 선언하는 것이다.
library(foreign)
```

```
# read.spss를 사용하여 KHANES 디렉터리에 저장된 파일을 읽어 res13이라는 데이터 이름으로 사
용한다.
res13 <- read.spss("HN13_ALL.sav",to.data.frame = TRUE)
res13sv <- read.spss("HN13_IJMT.sav",to.data.frame = TRUE)
```

KHANES 디렉터리에 다운받은 후 '같은 디렉터리'에 압축풀기를 했을 때 위와
같이 파일이 저장된다. 목록이 다 있는지 살펴보자.

② 기본 DB 파일은 변수가 많기 때문에 보려고 하는 필요한 변수만 선택해서 정리해 본다. 새로운 데이터세트를 만들어보자. 각각 2개의 데이터세트를 만들고 합친다.

```
# res13의 데이터세트의 변수를 사용한다는 뜻으로 아래에서 일일이 res13$ID, res13$incm처럼
res13$을 붙이지 않아도 된다. (3장 'R기본 명령어 사용하기' 부분 참조, p. 48)
attach(res13)

# 보기를 원하는 변수를 data.frame을 사용하여 새로운 데이터세트 res13_1을 만든다.
res13_1 <- data.frame(ID,incm,age,sex,HE_BMI,HE_sbp,HE_dbp,HE_wc,HE_TG,
HE_glu,DE1_pt,HE_HP,HE_DM,HE_HbA1c,HE_chol,HE_HDL_st2,HE_crea,BS1_1,
HE_wt,HE_ht,HE_Upro,EC_occp,EC_stt_2,N_EN,N_NA,L_OUT_FQ,M_1_yr,M_1_rs,
marri_1,marri_2,tins,cfam,genertn,allownc,house,live_t,ainc,D_1_1,D_2_1,
D_2_wk,EC1_1,HE_obe)

# res13sv의 데이터세트의 변수를 사용한다는 뜻으로 아래에서 일일이 res13sv$ID, res13sv$edu
처럼 res13sv$를 붙이지 않아도 된다.
attach(res13sv)

# ID, edu(교육정도)가 변수인 res13_2라는 이름의 데이터세트를 만든다.
res13_2 <- data.frame(ID,edu)

# res13_1, res13_2의 데이터세트를 합쳐서 새로운 데이터세트 res13_3을 만든다.
res13_3 <- merge(res13_1,res13_2,by = c("ID"),all = TRUE)
```

똑같이 2014, 2015년 데이터세트도 만들어보자. res13 -> res14로 이름만 바꿔본다.

```
attach(res14)
res14_1 <- data.frame(ID,incm,age,sex,HE_BMI,HE_sbp,HE_dbp,HE_wc,HE_TG,
HE_glu,DE1_pt,HE_HP,HE_DM,HE_HbA1c,HE_chol,HE_HDL_st2,HE_crea,BS1_1,
HE_wt,HE_ht,HE_Upro,EC_occp,EC_stt_2,N_EN,N_NA,L_OUT_FQ,M_1_yr,M_1_rs,
marri_1,marri_2,tins,cfam,genertn,allownc,house,live_t,ainc,D_1_1,D_2_1,
D_2_wk,EC1_1,HE_obe)
attach(res14sv)
res14_2 <- data.frame(ID,edu)
res14_3 <- merge(res14_1,res14_2,by = c("ID"),all = TRUE)
```

```
attach(res15)
res15_1 <- data.frame(ID,incm,age,sex,HE_BMI,HE_sbp,HE_dbp,HE_wc,HE_TG,
HE_glu,DE1_pt,HE_HP,HE_DM,HE_HbA1c,HE_chol,HE_HDL_st2,HE_crea,BS1_1,
HE_wt,HE_ht,HE_Upro, EC_occp,EC_stt_2,N_EN,N_NA,L_OUT_FQ,M_1_yr,M_1_rs,
marri_1,marri_2,tins,cfam,genertn,allownc,house,live_t,ainc,D_1_1,D_2_1,
D_2_wk,EC1_1,HE_obe)
attach(res15sv)
res15_2 <- data.frame(ID,edu)
res15_3 <- merge(res15_1,res15_2,by = c("ID"),all = TRUE)
```

이렇게 명령어를 실행하고 나면, 우리가 사용할 데이터세트는 2013년은 res13_3, 2014년은 res14_3, 2015년은 res15_3이다.

③ 각각의 데이터세트에서 꼭 있어야 하는 변수가 없는 대상자는 제외한다. 꼭 있어야 하는 변수는 사구체여과율을 구하기 위한 나이(age), 성별(sex), 혈청 크레아티닌(HE_crea) 세 변수이다. age, sex 변수가 없는 경우는 없으니 혈청 크레아티닌이 없는 경우에만 대상자를 제외한다. (3장 '13) 결측치 처리 방법' 부분 참조, p.55)

```
res13_3 <- subset(res13_3,is.na(res13_3$HE_crea)==FALSE)
res14_3 <- subset(res14_3,is.na(res14_3$HE_crea)==FALSE)
res15_3 <- subset(res15_3,is.na(res15_3$HE_crea)==FALSE)
```

(2) 고혈압 유병여부(HE_HP)는 이미 정의되어 있다. 정상(HE_HP=1), 전단계고혈압(HE_HP=2), 고혈압(HE_HP=3). 아래는 2013년도의 HE_HP 변수의 결과이다. 정상인 경우는 2367명, 전단계고혈압은 1140명, 고혈압은 1397명이다. NA는 값이 없는 경우이다.

```
# 아래는 결과값이다. res13_3$HE_HP 변수를 factor로 불러와 개수를 요약한다.
summary(as.factor(res13_3$HE_HP))

   1    2    3 NA's
2367 1140 1397 1035
```

고혈압의 주요 지표인 유병여부, 인지율, 치료율, 조절률의 경우는 여러 가지 조사 지표(아래 '표 22' 참조)를 통해서 정의되어 있다. 유병여부(HE_HP)를 보면 수축기 혈압(HE_sbp)이 140mmHg 이상이거나, 이완기혈압(HE_dbp)이 90mmHg 이상인 경우, 또는 고혈압약을 복용(DI1_2 변수가 1,2,3,4)하고 있는 경우이다. 수축기혈압이 120mmHg 이상이거나 140mmHg 미만, 이완기혈압이 80mmHg 이상이거나 90mmHg 미만인 경우는 고혈압 전단계, 수축기혈압이 120mmHg 미만이거나 이완기혈압이 80mmHg 미만인 경우는 정상으로 정의하고 있다.

표 22. 검진조사 주요지표 산출 SAS 프로그램

만성질환	주요지표		지표정의 및 프로그램
비만	유병 여부 (체질량지수 기준)	지표정의	• BMI(체질량지수): 체중(kg)/신장(m²) • 저체중(BMI<18.5), 정상(18.5≤ BMI< 25), 비만(25≤ BMI)
		프로그램	IF HE_dprg^= & HE_wt^= & HE_ht^=. THEN HE_BMI = HE_wt / ((HE_ht*0.01)**2) ; IF 0< HE_BMI< 18.5 THEN HE_obe=1 ; /*저체중*/ ELSE IF 18.5<= HE_BMI< 25.0 THEN HE_obe=2 ; /*정상*/ ELSE IF 25.0<= HE_BMI THEN HE_obe=3 ; /*비만*/
고혈압	유병 여부	지표정의	수축기혈압≧140mmHg 또는 이완기혈압≧90mmHg 또는 고혈압약 복용
		프로그램	IF HE_SBP^= and HE_DBP^=. & DI1_2 in (1,2,3,4,5,8) THEN do ; IF 140<= HE_SBP or 90<= HE_DBP or DI1_2 in (1,2,3,4) THEN HE_hp = 3;/*고혈압*/ ELSE IF 120<= HE_SBP< 140 or 80<= HE_DBP< 90 THEN HE_hp = 2 ; /*고혈압 전단계*/ ELSE IF 0< HE_SBP< 120 & 0< HE_DBP< 80 THEN HE_hp = 1 ; /*정상*/ END;
		유의사항	2008~2010년은 측정혈압이 아닌 보정혈압 변수(변수명 HE_SBP_tr, HE_DBP_tr) 사용
	인지율	지표정의	고혈압 유병자 중 의사로부터 고혈압 진단
		프로그램	IF HE_hp=3 & DI1_dg in (0,1,8) THEN hp_recog = (DI1_dg=1);
	치료율	지표정의	고혈압 유병자 중 현재 고혈압약 한달 20일 이상 복용
		프로그램	IF HE_hp=3 & DI1_2 in (1,2,3,4,5,8) THEN hp_trt = (DI1_2 in (1,2));
	조절율	지표정의	고혈압 유병자 중 수축기혈압< 140mmHg 이고, 이완기혈압< 90mmHg
		프로그램	IF HE_hp=3 THEN hp_cont = (0<HE_SBP<140 & 0<HE_DBP<90);
당뇨병	유병 여부	지표정의	• 당뇨병: 공복혈당≧ 126 또는 당뇨병약 복용 또는 인슐린주사 투여 또는 의사진단 • 공복혈당장애: 100≤ 공복혈당≤ 125 • 정상: 공복혈당< 100
		프로그램	IF HE_GLU^= & HE_fst>=8 & DE1_dg in (0,1,8) & DE1_31 in (0,1,8) & DE1_32 in (0,1,8) THEN do; IF 126<= HE_GLU or DE1_31=1 or DE1_32=1 or DE1_dg=1 THEN HE_DM = 3; ELSE IF 100<= HE_GLU< 126 THEN HE_DM = 2 ; /*←공복혈당장애*/ /*↑당뇨병*/ ELSE IF 0< HE_GLU< 100 THEN HE_DM = 1 ; /*←정상*/ END;
	인지율	지표정의	당뇨병 유병자 중 의사로부터 당뇨병 진단
		프로그램	IF HE_DM=3 & DE1_dg in (0,1,8) THEN DM_recog=(DE1_dg=1);
	치료율	지표정의	당뇨병 유병자 중 현재 혈당강하제 복용 또는 인슐린 주사 투여 분율
		프로그램	IF HE_DM=3 & DE1_31 in (0,1,8) or DE1_32 in (0,1,8) THEN DM_trt = (DE1_31=1 or DE1_32=1);
	조절율	지표정의	당뇨병 유병자 중 당화혈색소 6.5% 미만
		프로그램	IF HE_DM=3 and HE_HbA1c^=. THEN DM_cont=(0<HE_HbA1c<6.5);
이상지질	고콜레스테롤혈증	지표정의	공복시 총콜레스테롤≧240mg/dL 또는 콜레스테롤약 복용

			1. 정상
		고혈압 유병여부(19세이상)	2. 고혈압전단계
			3. 고혈압
N(8)*	HE_HP	【정의】 ③고혈압: 수축기혈압이 140mmHg 이상 또는 이완기혈압이 90mmHg 이상 또는 고혈압 약물을 복용한 사람 ②고혈압 전단계: ③이 아니고, 수축기혈압이 120mmHg 이상, 140mmHg 미만이고, 이완기혈압이 80mmHg 이상, 90mmHg 미만인 사람 ①정상: ②,③이 아니고, 수축기혈압이 120mmHg 미만이고, 이완기혈압이 80mmHg 미만인 사람	
		【비고】 「2015 국민건강통계」에서는 만30세 이상에 대해 산출	

(3) 당뇨병 유병여부(HE_DM)는 이미 정의되어 있다. 정상(HE_DM=1), 공복혈당장애 (HE_DM=2), 당뇨병(HE_DM=3).

당뇨병 유병여부를 보면 공복혈당(HE_glu)이 126mg/dL 이상이거나, 당뇨병약을 복용하거나(DE1_31=1), 인슐린 주사를 맞거나(DE1_32=1), 의사진단을 받은 경우 (DE1_dg=1)이다.

			1. 정상
		당뇨병 유병여부(19세이상)	2. 공복혈당장애
			3. 당뇨병
N(1)*	HE_DM	【정의】 (8시간이상 공복자 중) ③당뇨병: 공복혈당이 126mg/dL 이상이거나, 의사진단을 받았거나 혈당강하제 복용하거나, 인슐린주사 투여받고 있는 사람 ②공복혈당장애: ③이 아니고, 공복혈당이 100mg/dL 이상이고, 126mg/dL 미만인 사람 ①정상: ②,③이 아니고, 공복혈당이 100mg/dL 미만인 사람	
		【비고】 「2015 국민건강통계」에서는 만30세이상에 대한 유병률 산출	

(4) 만성콩팥병: 만성콩팥병의 정의를 사구체여과율이 60ml/min/1.73m² 미만인 경우로 한다. 사구체 여과율은 MDRD 공식 또는 CKD–EPI 공식으로 구한다.

MDRD 공식은 GFR, in mL/min per 1.73m² = 175×SCr(exp [-1.154])×GFR, in mL/min per 1.73m² = 186.3×SCr[exp (−1.154)]×age[exp (−0.203)]×[0.742 if female]×[1.21 if black])이다.

CKD–EPI 공식은 다음 그림과 같다.

CKD-EPI Creatinine = $A \times (Scr/B)^C \times 0.993^{age} \times (1.159$ if black), where A, B, and C are the following:

Female			Male		
Scr ≤0.7	A = 144		Scr ≤0.9	A = 141	
	B = 0.7			B = 0.9	
	C = -0.329			C = -0.411	
Scr >0.7	A = 144		Scr >0.9	A = 141	
	B = 0.7			B = 0.9	
	C = -1.209			C = -1.209	

MDRD 공식이다. ifelse문에 대한 설명은 3장에 있다. (p. 49)
```
res13_3$MDRD_GFR <- ifelse(res13_# $sex=='1',186.3*((res13_3$HE_crea)**(-
1.154))*((res13_3$age)**(-0.203)),186.3*((res13_3$HE_crea)**(-1.154))*((res13_3$a
ge)**(-0.203))*0.742)
```

CKD-EPI 공식이다.
```
y <- length(res13_3$ID)
for( i in 1:y ) {
    if (res13_3$CKD_epi_count[y]=='1'){
        res13_3$A[y] = 144
        res13_3$B[y] = 0.7
        res13_3$C[y] = -0.329}
    if (res13_3$CKD_epi_count[y]=='2'){
        res13_3$A[y] = 144
        res13_3$B[y] = 0.7
        res13_3$C[y] = -1.209}
    if (res13_3$CKD_epi_count[y]=='3'){
        res13_3$A[y] = 141
        res13_3$B[y] = 0.9
        res13_3$C[y] = -0.411}
    if (res13_3$CKD_epi_count[y]=='4'){
        res13_3$A[y] = 141
        res13_3$B[y] = 0.9
        res13_3$C[y] = -1.209}
}
res13_3$CKD_EPI_MDRD <- res13_3$A*((res13_3$HE_crea/res13_3$B)^res13_3$C)*(0.
993)^(res13_3$age)
```

① 사구체여과율 변환 코딩이다. 본문에는 res13_3만 설명되어 있다.

```
library(nephro)
res13_3$creat <- res13_3$HE_crea
res13_3$sex <- ifelse(res13_3$sex==1,1,0)
res13_3$age <- res13_3$age
res13_3$ethn <- 0
str(res13_3$ethn)
attach(res13_3)
res13_3$MDRD4 <- MDRD4(res13_3$creat, res13_3$sex, res13_3$age, res13_3$ethn,
'IDMS')
res13_3$CKDEpi.creat <- CKDEpi.creat(res13_3$creat, res13_3$sex, res13_3$age,
res13_3$ethn)
mean(res13_3$MDRD4)
mean(res13_3$CKDEpi.creat)
```

② 코딩2(사구체여과율): nephro라는 패키지를 사용해봐도 된다. 본문에는 2013년 변환 만 제시했고, 따로 파일을 제공할 전체 코드에 2014년, 2015년 변환도 포함하였다.

③ 만성콩팥병을 2가지 방법으로 정의해보자. 정의 1번(CKD1) 사구체여과율이 60ml/min/1.73m² 미만인 경우로 할 때, 정의 2번(CKD2) 사구체여과율이 60ml/min/1.73m² 미만인 경우나 또는 요단백이 있는 경우로 할 때는 다음과 같다(1: 만성콩팥병인 경우, 0: 만성콩팥병이 아닌 경우로 여기서는 MDRD 공식으로 정의).

HE_Upro는 요단백 유무, 요단백이 있는 경우는 0이 아닌 경우로 HE_Upro!=0 으로 한다.

N(1)	HE_Upro	요단백	0. 음성(-) 1. 미량(±) 2. 양성(+) 3. 양성(++) 4. 양성(+++) 5. 양성(++++)

```
#만성콩팥병 정의 1번에 의한 경우
res13_3$CKD1 <- ifelse(res13_3$MDRD_GFR<60,1,0)
#만성콩팥병 정의 2번에 의한 경우
res13_3$CKD2 <- ifelse(res13_3$MDRD_GFR<60 | res13_3$HE_Upro! = 0,1,0)
```

(5) 대사증후군의 진단 기준은 아래와 같다. 5개 항목 중에 3개 이상으로 정의된다.

〈표 대사증후군〉

· 아래의 구성 요소 중 3가지 이상이 있는 경우를 대사증후군으로 정의할 수 있습니다.

○ 복부비만: 허리둘레 남자 90cm, 여자 85cm 이상
○ 고중성지방혈증: 중성지방 150mg/dL 이상
○ 낮은 HDL 콜레스테롤혈증: 남자 40mg/dL, 여자 50mg/dL 이하
○ 높은 혈압: 130/85mmHg 이상
○ 혈당 장애: 공복혈당 100mg/dL 이상 또는 당뇨병 과거력, 또는 약물복용

보건복지부 대한의학회

```
# 대사증후군진단: 5개 중 3개 이상, 변수 개수
# HE_wc : 복부비만 : 허리 둘레 남성 90㎝, 여성 85㎝ 이상
# HE_TG : 중성지방 150mg/dl 이상
# HE_HDL : 고밀도 콜레스테롤 : 남성 40mg/dl, 여성 50mg/dl 미만
# HE_glu : 공복 혈당 : 110mg/dl 이상 또는 당뇨병 치료 중(res13_3$DE1_pt==1은 치료 중, 2는 아니오)
# 혈압 : HE_sbp : 수축기 130mmHg 이상 또는 HE_dbp : 이완기 85mmHg 이상
y <- length(res13_3$ID)
res13_3$WST_metabolic <- 0
for( i in 1:y ) {
    if (res13_3$sex[i]=="1")
        res13_3$WST_metabolic[i] <- ifelse((res13_3$HE_wc[i]>=90 ),1,0)
    else
    if (res13_3$sex[i]=="2")
        res13_3$WST_metabolic[i] <- ifelse((res13_3$HE_wc[i]>=85 ),1,0)
    else
        i <- i + 1
}
res13_3$TG_metabolic <- 0
for( i in 1:y ) {
    res13_3$TG_metabolic[i] <- ifelse((res13_3$HE_TG[i]>=150 ),1,0)
    i <- i + 1
}
```

```
res13_3$HDL_metabolic <- 0
for( i in 1:y ) {
    if (res13_3$sex[i]=="1")
        res13_3$HDL_metabolic[i] <- ifelse((res13_3$HE_HDL_st2[i]<40 ),1,0)
    else
    if (res13_3$sex[i]=="2")
        res13_3$HDL_metabolic[i] <- ifelse((res13_3$HE_HDL_st2[i]<50 ),1,0)
    else
  i <- i + 1
}
res13_3$FBS_metabolic <- 0
for( i in 1:y ) {
    res13_3$FBS_metabolic[i] <- ifelse((res13_3$HE_glu[i]>100 | res13_3$DE1_
pt[i]==1),1,0)
    i <- i + 1
}
res13_3$BP_metabolic <- 0
for( i in 1:y ) {
    res13_3$BP_metabolic[i] <- ifelse((res13_3$HE_sbp[i]>=130 | res13_3$HE_
dbp[i]>=85),1,0)
    i <- i + 1
}
res13_3$metabolic <- 0
for( i in 1:y ) {
    res13_3$metabolic[i] <- res13_3$WST_metabolic[i] + res13_3$TG_
metabolic[i] + res13_3$HDL_metabolic[i] + res13_3$FBS_metabolic[i] +
res13_3$BP_metabolic[i]
    res13_3$metabolic_yn[i] <- ifelse(res13_3$metabolic[i]>=3,1,0)
    i <- i + 1
}
summary(factor(res13_3$metabolic_yn))
```

(6) 논문 작성에서 materials and methods 기술 내용

III. 연구대상 및 방법

1. 조사대상

만성콩팥병 환자의 3개년 간의 임상적, 사회적인 특징 변화를 확인하기 위해 2013년부터 2015년까지의 국민건강영양평가 자료를 이용하였다. 혈청 크레아티닌 값과 요단백 검사결과가 없는 대상자를 제외하고 2013년은 대상자 8,018명 중에 5,501명, 2014년은 7,550명 중에 5,160명, 2015년은 7,380명 중에 5,573명을 분석하였다. 3개년간 총 16,234명이고, 일차추출단위 (primary sampling unit)는 884, 추정인구수는 48,832,940명이다. 국민건강영양조사는 한국질병관리본부의 연구윤리위원회의 승인을 받았으며 모든 참가자는 서면 동의서를 제공했다(No. 2013-07CON-03-4C,2013-12EXP-03-5C,2015-01-02-6C).

2. 조사항목

기본적인 임상적인 자료로 나이, 성별, 체질량지수, 수축기 혈압, 이완기 혈압, 허리둘레, 키, 체중, 고혈압과 당뇨병 유병유무, 평생흡연여부를 조사하였다. 사회적인 자료로는 소득수준, 교육수준, 결혼여부, 결혼상태, 건강보험종류, 가구원수, 가구세대의 유형, 기초생활수급여부, 주택소유여부, 주택형태, 직업의 종류, 임금근로자의 경우는 종사상 지위를 조사하였다. 건강관련 설문으로 필요의료서비스 미검진여부와 필요의료서비스 미검진여부 이유, 주관적 건강상태, 최근 2주간 몸이 불편했던 경험유무, 최근 2주간 불편감 일수를 조사하였다. 또한 영양상태와 관련된 설문으로, 하루 에너지 섭취량과 나트륨 섭취량, 그리고 외식 횟수를 조사하였다. 혈액검사는 총콜레스테롤, 중성지방, 당화혈색소, 혈청 크레아티닌, 사구체여과율을 확인하였고, 소변검사는 요단백을 확인하였다.

소득의 경우는 전체 가구평균소득의 월별 평균에 따라 4군으로 나누었다. (소득 = 가구소득/√가구원 수). 교육수준은 초졸이하, 중졸, 고졸, 대졸이상으로 나누었다. 직업의 종류로 관리자, 전문가 및 관련종사자, 사무종사자, 서비스종사자, 판매종사자, 농림어업숙력종사자, 기능원 및 관련기능 종사자, 장치, 기계조작 및 조립종사자, 단순노무종사자를 조사하였다. 종사상 지위로 상용직, 임시직, 일용직 조사를 하였다. 주택 형태로는 단독주택, 아파트, 연립주택, 다세대주택을 조사하였다. 필요의료서비스 미검진여부 사유는 '경제적인 이유로', '병의원 등에 예약하기가 힘들어서', '교통편이 불편해서', '내가 갈 수 있는 시간에 병의원 등이 문을 열지 않아서', '병의원에서 오래 기다리기 싫어서', '증상이 가벼워서'로 나누어 조사를 하였다.

3. 사용된 정의

만성콩팥병은 사구체여과율 〈 60ml/min/1.73m² or 단백뇨가 나오는 경우로 정의하였으며, 사구체여과율의 계산은 MDRD 공식, CKD-epi 공식을 이용하였다. 사구체여과율(mL/min/1.73m²) = 175 × 혈청크레아티닌(mg/dL) – 1.154 × (나이) – 0.203 × 0.742(여성의 경우). 대사증후군은 진단기준에 맞춰 다음 분류 5가지 중 3가지 이상을 만족하는 경우로 정의하였다. 복부둘레가 〉90cm인 남성 혹은 〉80cm인 여성; 중성지방수치(triglyceride)가 ≥150mg/dL 이상이거나 약물 복용 중인 경우; 고밀도지방이 40mg/dL 미만인 남성, 50mg/dL 미만인 여성; 수축기 혈압이 ≥130mmHg이거나 이완기 혈압이 ≥85mmHg인 경우, 혹은 약물을 복용 중인 경우; 혈당수치가 ≥100mg/dL이거나 약물을 복용하는 경우.

4. 통계방법

연속변수의 경우 대상의 특성을 결정하기 위해 기술통계분석을 하였고, 범주형 변수는 χ^2 검정을 사용하여 변수 간의 상관관계를 분석하였다. 만성콩팥병 여부에 따라 2개의 그룹으로 나누어 그룹 간의 특성 차이를 확인하였다. 연구대상자의 선택적 편의를 줄이기 위하여 성향점수매칭을 활용하였고, 나이와 성별의 성향점수를 매칭하여 군별 300명으로 분석하였다. p-value가 〈 0.05일 때 유의성이 있다고 정의하였다. R 버전 3.5.3.을 사용하였다.

2 표1 (연도별 추이 비교)

앞에서 설명한 res13에 대한 내용을 모두 res14, res15로 바꾸어 res14, res15 데이터세트를 만들고 연도별 추이를 비교해보자. 연도별 각 변수의 추이를 비교하기 위해서 잘 만들어진 패키지인 moonBook을 설치하고 불러온다. 그런 다음 분석을 위해 연도별 데이터세트(res13, res14, res15)를 통합한다. 합쳐질 데이터세트 이름은 res1315이다. (moonBook 패키지 관련 내용은 3장 p.62 참조)

```
# res13_3과 res14_3 데이터세트를 res1314로 합친다.
res1314 <- merge(res13_3,res14_3,all = TRUE)

# res1314와 res15_3 데이터세트를 res1315로 합친다.
res1315 <- merge(res1314,res15_3,all = TRUE)
library(moonBook)
table1 <- mytable(year~.,data = res1315)
mycsv(table1,file = "table1.csv")
```

연도별 모든 변수의 차이를 비교해볼 수 있다. KHANES 디렉터리의 table 1을 클릭하고 보기 좋게 칸을 넓히면 다음과 같이 나온다. 변수명으로 되어 있으므로 보고자 했던 변수명을 찾아서 보면 된다.

	클립보드	글꼴	맞춤	

I23		f_x		

	A	B	C	D	E
1	year	2013	2014	2015	p
2		(N=5939)	(N=5518)	(N=5860)	
3	ID	unique values:22!	unique values:22!	unique values:22948	
4	incm				0.981
5	-1	1442 (24.5%)	1326 (24.1%)	1388 (23.8%)	
6	-2	1487 (25.2%)	1400 (25.5%)	1463 (25.1%)	
7	-3	1493 (25.3%)	1399 (25.5%)	1508 (25.9%)	
8	-4	1473 (25.0%)	1366 (24.9%)	1463 (25.1%)	
9	age	44.3 ± 18.8	47.0 ± 18.8	47.6 ± 19.4	0
10	sex				0.251
11	-1	2670 (45.0%)	2420 (43.9%)	2658 (45.4%)	
12	-2	3269 (55.0%)	3098 (56.1%)	3202 (54.6%)	
13	HE_BMI	23.4 ± 3.6	23.4 ± 3.5	23.7 ± 3.6	0
14	HE_sbp	116.4 ± 16.4	116.5 ± 16.0	118.2 ± 16.8	0
15	HE_dbp	74.0 ± 10.9	73.8 ± 10.3	74.1 ± 10.5	0.192
16	HE_wc	79.1 ± 10.5	80.0 ± 10.3	81.8 ± 10.5	0
17	HE_TG	129.5 ± 105.4	130.8 ± 102.5	131.8 ± 107.7	0.478
18	HE_glu	98.2 ± 20.6	99.4 ± 22.7	100.7 ± 25.5	0
19	DE1_pt				0
20	0	42 (0.7%)	38 (0.7%)	40 (0.7%)	
21	-1	379 (6.6%)	338 (6.3%)	403 (6.9%)	
22	-8	5216 (90.9%)	4705 (87.8%)	5090 (87.6%)	
23	-9	99 (1.7%)	276 (5.2%)	276 (4.8%)	
24	HE_HP				0
25	-1	2367 (48.3%)	2174 (47.5%)	2191 (44.5%)	

엑셀에서 p-value를 나타낼 때는 E열을 선택한 후에 오른쪽 마우스 클릭 → [셀서식] → [숫자] → '소수 자릿수: 3'을 선택하면 된다.

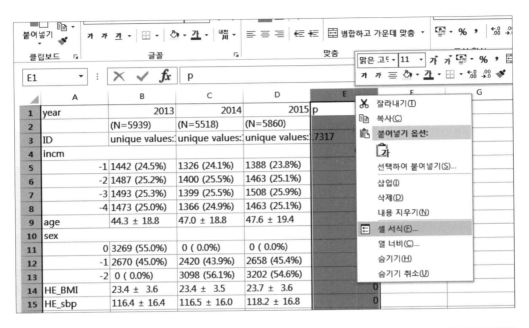

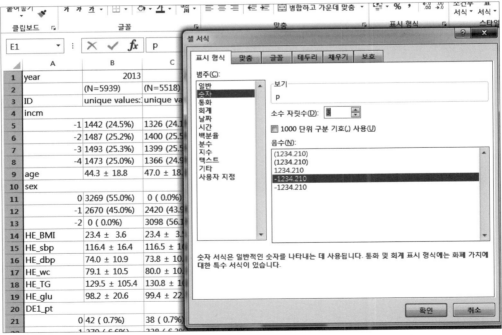

표1(Table1)을 자세히 보면, EC_occp(표준직업분류 대분류 코드) 변수가 숫자로 인식되어 있다. 따라서 factor로 인식하게 한다.

```
res1315$EC_occp <- as.factor(res1315$EC_occp)
```

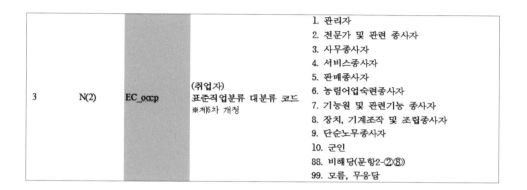

마찬가지로 L_OUT_FQ(외식횟수)도 그렇다. 숫자로 인식되어 있으므로 factor로 인식하게 한다.

```
res1315$L_OUT_FQ <- as.factor(res1315$L_OUT_FQ)
```

2	N(1)	L_OUT_FQ	외식 횟수	1. 하루 2회 이상 2. 하루 1회 3. 주 5~6회 4. 주 3~4회 5. 주 1~2회 6. 월 1~3회 7. 거의 안 한다(월1회 미만) 9. 모름/무응답

M_1_rs(필요의료서비스 미검진 사유)도 숫자로 인식되어 있으므로 factor로 인식하게 한다.

```
res1315$M_1_rs <- as.factor(res1315$M_1_rs)
```

marri_2(결혼상태)도 숫자로 인식되어 있으므로 factor로 인식하게 한다.

```
res1315$marri_2 <- as.factor(res1315$marri_2)
```

genertn(가구 세대구성코드)도 숫자로 인식되어 있으므로 factor로 인식하게 한다.

```
res1315$genertn <- as.factor(res1315$genertn)
```

live_t(주택형태)도 숫자로 인식되어 있으므로 factor로 인식하게 한다.

```
res1315$live_t <- as.factor(res1315$live_t)
```

D_1_1(주관적 건강상태)도 숫자로 인식되어 있으므로 factor로 인식하게 한다.

```
res1315$D_1_1 <- as.factor(res1315$D_1_1)
```

D_2_wk(최근 2주간 불편감 일수)는 숫자로 인식되어 있지만, 88(비해당), 99(모름, 무응답)는 제외하고 값을 구해야 한다.

2-1	N(2)	D_2_wk	최근2주간 불편감일수	□□ 일 88. 비해당(문항2-②) 99. 모름, 무응답

```
res1315$D_2_wk <- subset(res1315, res1315$D_2_wk!=88 | res1315$D_2_wk!=99)
```

146

오류 작업 후에 EC_occp(표준직업분류 대분류 코드)를 보면 factor로 분류된 것을 알
수 있다.

48		-3	17 (0.3%)	11 (0.2%)	16 (0.3%)	
49		-4	8 (0.1%)	4 (0.1%)	8 (0.1%)	
50	EC_occp					0.000
51		-1	70 (1.2%)	67 (1.3%)	56 (1.0%)	
52		-2	563 (9.8%)	551 (10.3%)	588 (10.1%)	
53		-3	464 (8.1%)	431 (8.0%)	468 (8.1%)	
54		-4	323 (5.6%)	281 (5.2%)	309 (5.3%)	
55		-5	371 (6.5%)	309 (5.8%)	307 (5.3%)	
56		-6	200 (3.5%)	253 (4.7%)	258 (4.4%)	
57		-7	243 (4.2%)	215 (4.0%)	216 (3.7%)	
58		-8	269 (4.7%)	233 (4.3%)	251 (4.3%)	
59		-9	473 (8.2%)	414 (7.7%)	451 (7.8%)	
60		-10	7 (0.1%)	3 (0.1%)	10 (0.2%)	
61		-88	2650 (46.2%)	2292 (42.8%)	2489 (42.8%)	
62		-99	103 (1.8%)	308 (5.7%)	406 (7.0%)	

수정 후에 해당되는 변수의 이름을 적고 p-value 값을 <0.001로 바꾸면 된다. 변수
의 이름은 원시자료이용지침서를 참고하자.

표준직업분류 대분류 코드				<0.001
관리자	70 (1.2%)	67 (1.3%)	56 (1.0%)	
전문가 및 관련 종사자	563 (9.8%)	551 (10.3%)	588 (10.1%)	
사무종사자	464 (8.1%)	431 (8.0%)	468 (8.1%)	
서비스종사자	323 (5.6%)	281 (5.2%)	309 (5.3%)	
판매종사자	371 (6.5%)	309 (5.8%)	307 (5.3%)	
농림어업숙련종사자	200 (3.5%)	253 (4.7%)	258 (4.4%)	
기능원 및 관련기능 종사자	243 (4.2%)	215 (4.0%)	216 (3.7%)	
장치. 기계조작 및 조립종사자	269 (4.7%)	233 (4.3%)	251 (4.3%)	
단순노무종사자	473 (8.2%)	414 (7.7%)	451 (7.8%)	
군인	7 (0.1%)	3 (0.1%)	10 (0.2%)	
비해당	2650 (46.2%)	2292 (42.8%)	2489 (42.8%)	
모름. 무응답	103 (1.8%)	308 (5.7%)	406 (7.0%)	
종사상지위_임금근로자				<0.001
상용직	1408 (24.5%)	1176 (22.0%)	1298 (22.3%)	
임시직	466 (8.1%)	451 (8.4%)	456 (7.8%)	
일용직	198 (3.5%)	169 (3.2%)	201 (3.5%)	
비해당	3560 (62.1%)	3252 (60.7%)	3455 (59.5%)	
모름. 무응답	104 (1.8%)	309 (5.8%)	399 (6.9%)	
1일 에너비 섭취량(Kcal)	2029.6 ± 922.6	2027.6 ± 895.3	2034.5 ± 957.0	0.785
1일 나트륨 섭취량(mg)	3865.0 ± 2788	3795.4 ± 2680	3829.2 ± 3378	0.535

표2 (성향점수매칭 후 비교)

성향점수매칭(propensity score matching), 만성콩팥병인 사람을 기준으로 성별, 연령의 성향점수를 구하고, 성향점수가 비슷한 사람끼리 매칭해서 비교한다. 성향점수 매칭을 하기 위해서 MatchIt library를 설치하고 lsmeans를 불러온다. 성향점수 매칭을 위해서 먼저 새로운 데이터세트(data1)를 만들어본다. 성향점수매칭을 위해서는 데이터 중 없는 값이 있으면 안 되기 때문에 결측값(NA)이 없는 데이터세트를 만들어본다. data1이라는 이름의 데이터세트에 res1315의 데이터 중 age, sex, CKD1, HE_BMI, HE_sbp, HE_dbp, HE_wc, HE_glu, HE_HP, HE_DM, HE_crea, edu, incm을 비교해본다. (성향점수매칭 관련 내용은 4장 11절 참조, p.94)

위와 같이 하면 아래와 같이 결측값(missing value)이 있다고 나온다.

```
> m.out=matchit(CKD1~age+as.factor(sex),data=data1,method="nearest",ratio=1)
Error in matchit(CKD1 ~ age + as.factor(sex), data = data1, method = "nearest",  :
  Missing values exist in the data
```

```
# 성향점수매칭
library(MatchIt)
require(lsmeans)
attach(res1315)
data1 <- data.frame(age,sex,CKD1,HE_BMI,HE_sbp,HE_dbp,HE_wc,HE_glu,HE_HP,HE_DM,HE_crea,edu,incm)
m.out = matchit(CKD1~age + as.factor(sex),data = data1,method = "nearest",ratio = 1)

# 성향점수매칭
library(MatchIt)
require(lsmeans)
attach(res1315)

# NA 자료 삭제
res1315 <- subset(res1315,is.na(res1315$age)==FALSE)
res1315 <- subset(res1315,is.na(res1315$sex)==FALSE)
res1315 <- subset(res1315,is.na(res1315$CKD1)==FALSE)
res1315 <- subset(res1315,is.na(res1315$HE_BMI)==FALSE)
```

```
res1315 <- subset(res1315,is.na(res1315$HE_sbp)==FALSE)
res1315 <- subset(res1315,is.na(res1315$HE_dbp)==FALSE)
res1315 <- subset(res1315,is.na(res1315$HE_wc)==FALSE)
res1315 <- subset(res1315,is.na(res1315$HE_glu)==FALSE)
res1315 <- subset(res1315,is.na(res1315$HE_HP)==FALSE)
res1315 <- subset(res1315,is.na(res1315$HE_DM)==FALSE)
res1315 <- subset(res1315,is.na(res1315$HE_crea)==FALSE)
res1315 <- subset(res1315,is.na(res1315$edu)==FALSE)
res1315 <- subset(res1315,is.na(res1315$incm)==FALSE)
data1 <- data.frame(age,sex,CKD1,HE_BMI,HE_sbp,HE_dbp,HE_wc,HE_glu,HE_
HP,HE_DM,HE_crea,edu,incm)
```

따라서 위와 같이 결측값이 있는 자료를 삭제한다. 현재 1만 7,317명의 데이터인데, 없는 자료를 삭제했을 때에 대상자 수가 얼마나 줄어드는지 판단해서 변수를 유지하는 것이 좋은지, 빼는 것이 좋은지 생각해보자. NA 자료를 삭제했을 때에 res1315의 대상수는 1만 7,317명에서 1만 3,842명으로 감소하였다.

```
data1 <- data.frame(age,sex,CKD1,HE_BMI,HE_sbp,HE_dbp,HE_wc,HE_glu,HE_
HP,HE_DM,HE_crea,edu,incm)
m.out = matchit(CKD1~age + as.factor(sex),data = data1,method = "nearest",ratio
= 1)
summary(m.out)
m.data1 <- match.data(m.out,distance = "pscore")
res1315_2 <- m.data1
```

다시 코드를 실행하면, 에러 없이 진행된다. 나이와 성별에 따라 성향점수매칭 후에 아래와 같은 결과가 나온다. CKD1(만성콩팥병)이 0, 1 각 군에 412명씩 매칭되었다. 최종 자료는 res1315_2라는 이름의 데이터세트로 저장되었다.

```
Console   Terminal ×
D:/KHANES/

Summary of balance for matched data:
                Means Treated Means Control SD Control Mean Diff eQQ Med eQQ Mean eQQ Max
distance           0.0939        0.0939       0.0622       0        0        0        0
age               68.9830       68.9830       9.6532       0        0        0        0
as.factor(sex)0    0.4757        0.4757       0.5000       0        0        0        0
as.factor(sex)1    0.5243        0.5243       0.5000       0        0        0        0

Percent Balance Improvement:
                Mean Diff. eQQ Med eQQ Mean eQQ Max
distance          100      100      100      100
age               100      100      100      100
as.factor(sex)0   100        0      100      100
as.factor(sex)1   100        0      100      100

Sample sizes:
           Control Treated
All         13430     412
Matched       412     412
Unmatched   13018       0
Discarded       0       0

> |
```

이번에는 연도별 차이를 보는 것이 아니고 CKD1 여부에 따라 보는 것이므로 year 대신 CKD1을 입력한다.

```
table2 <- mytable(CKD1~.,data = res1315_2)
mycsv(table2,file = "table2.csv")
```

Excel 파일을 열어보면 CKD1이 0 또는 1인 경우, 각 군 N=412에 대해 비교한 자료를 확인할 수 있다.

	A	B	C	D
1	CKD1	0	1	p
2		(N=412)	(N=412)	
3	age	69.0 ± 9.7	69.0 ± 9.7	1
4	sex			1
5	0	196 (47.6%)	196 (47.6%)	
6	-1	216 (52.4%)	216 (52.4%)	
7	HE_BMI	24.1 ± 3.0	24.7 ± 3.4	0.017
8	HE_sbp	126.9 ± 16.3	126.8 ± 17.8	0.961
9	HE_dbp	73.8 ± 9.9	72.8 ± 11.9	0.203
10	HE_wc	84.4 ± 8.7	86.4 ± 9.4	0.002
11	HE_glu	106.0 ± 24.5	109.5 ± 27.3	0.051
12	HE_HP			0
13	-1	85 (20.6%)	66 (16.0%)	
14	-2	89 (21.6%)	35 (8.5%)	
15	-3	238 (57.8%)	311 (75.5%)	
16	HE_DM			0
17	-1	203 (49.3%)	165 (40.0%)	
18	-2	124 (30.1%)	99 (24.0%)	
19	-3	85 (20.6%)	148 (35.9%)	
20	HE_crea	0.8 ± 0.2	1.6 ± 1.5	0

7장의 분석에 사용된 전체 코드(2013~2015년)는 데이터 자료실(한나래출판사 홈페이지 www.hannarae.net)에서 확인할 수 있다.

8장

R을 이용한
논문 쓰기 2

1 사전조사

폐경연령과 비타민D의 관계를 신기능에 따른 변화를 통해 알아보고자 한다. 먼저 폐경연령과 비타민D의 관계를 알아본 논문이다.

> "수명연장은 되었지만 폐경연령이 더 늦춰지지는 않아 한국에서는 30년 정도를 폐경기간으로 보내게 되는데, 에스트로겐 결핍에 따른 골다공증이 문제가 된다. 폐경초기에는 에스트로겐 결핍에 의한 골 흡수의 증가로 혈청과 소변의 칼슘이 증가하여 이에 따라 혈청 부갑상선호르몬 농도는 감소하고, 70세 이후 노인성 골 소실은 에스트로겐 결핍뿐 아니라 운동부족, 칼슘의 흡수저하, 비타민D 결핍으로 혈청 칼슘의 저하와 혈청 비타민 D 감소가 생겨서 문제가 된다."
>
> 권인순 외 (2003). "한국 폐경 후 여성에서 비타민 D, 부갑상선 호르몬과 골밀도의 연관성". 〈노인병〉, 제7권 제3호.

이 논문에서는 나이 증가에 따른 비타민D의 감소를 관찰할 수 있다. 다음은 만성콩팥병 환자에서 사구체여과율과 비타민D의 관계를 알아본 논문이다.

> "비타민D의 결핍은 연령과 무관하게 만성콩팥병의 초기단계에서도 흔히 나타났다. 그리고 당뇨병과 높은 저밀도 지단백 콜레스테롤이 비타민D 결핍의 위험인자이다."
>
> 고정희 외 (2012). 〈Korean J Med〉, 83(6), 740-751.

국민건강영양조사 원시자료 이용지침서를 보면 비타민D(변수명 HE_VitD)는 2008년부터 조사가 되어 있다. 여기서는 제5기(2010년부터 2012년) 자료를 가지고 분석해보자. 비타민D의 결핍과 관련된 요인을 그림으로 그려보면 다음과 같다.

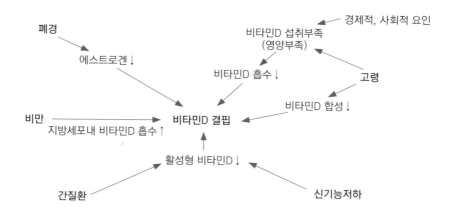

우리는 폐경여성에서 비타민D의 결핍이 연령에 따라 차이가 있고, 콩팥의 기능이 떨어져 있을 때에 더 많이 차이가 나는 것을 알아보고자 하였다. 조사해야 할 변수는 폐경, 비만, 간질환여부, 신기능저하, 영양상태, 연령, 수입, 비타민D이다. 여기서 독립변수는 폐경, 비만, 간질환여부, 신기능저하, 영양상태, 연령, 수입이고, 종속변수는 비타민D이다. 그리고 추가로 고려할 점으로 비타민D 식이보충제가 있다.

2 변수 찾아보기

먼저 '국민건강영양조사 제5기(2010-2012) 원시자료 이용지침서'를 홈페이지에서 내려받은 후 분석에 포함될 변수를 찾아보자. 비타민D 측정은 2008년부터 2014년까지 진행되었다.

① 폐경은 여성 건강의 무월경사유(LW_mp), 폐경연령(LW_mp_a)을 포함한다.

33-1	N(1)	LW_mp	무월경사유	1. 임신중 2. 출산후 수유 중 3. 자연폐경 4. 인공폐경 5. 기타 8. 비해당(문항33-①③⑧) 9. 모름
33-1⑤	C(50)	LW_mp_e	무월경사유 기타	
33-1③④	N(3)	LW_mp_a	폐경연령	만 □□세 888. 비해당(문항33-①③⑧, 33-1①③⑤) 999. 모름

② 비만은 변수 중에 비만 유병여부(HE_obe)가 있다.

N(1)*	HE_obe	비만 유병여부(19세이상)	1. 저체중 2. 정상 3. 비만

③ 간질환은 간경변증에 대한 조사내용을 확인하였다. 간경변증의 의사진단여부(DK4_dg)가 있다.

24-2	N(1)	DK4_dg	간경변증 의사진단여부	1. 있음　　　　　0. 없음 8. 비해당(지금까지 앓은 적 없음, 　　소아청소년)

④ 나이는 만나이(age)가 있다.

⑤ 신기능평가는 혈청크레아티닌(HE_crea)을 통해 계산한다.

⑥ 영양상태는 에너지 섭취량을 확인한다. 식품섭취조사(개인별 24시간 회상조사)를 통한 1일 에너지 섭취량(N_EN)이 있다. 식품섭취조사 자료는 HNYR_24RC DB에 포함되어 있다(YR은 해당연도 두 자릿수).

⑦ 수입과 관련된 변수는 incm이 있다.

N(1)	incm	소득 4분위수(개인) ※4분위수 구분 기준금액 참조	1. 하 2. 중하 3. 중상 4. 상

⑧ 여성을 대상으로 하기 때문에 성별(sex)도 추가한다.

⑨ 비타민D(HE_vitD)도 찾아보자.

N(8)	HE_vitD	비타민D ※최대값(144.0<) 의 경우 144.1로 표기	□□□□.□□ ng/mL

3 분석표 만들기

비타민D는 정상: 30ng/mL, 부족: 20ng/mL 이상 30ng/mL 미만, 결핍: 20ng/mL 미만으로 정의한다.

표1. 각 변수에 따른 비타민D의 결핍, 부족, 정상의 빈도 차이

변수		비타민D(HE_vitD)			p-value
		결핍	부족	정상	
연령(age)					
폐경기간					
비만(HE_obe)	1. 저체중				
	2. 정상				
	3. 비만				
간질환(DK4_dg)					
신기능평가(HE_crea)					
사구체여과율					
영양상태(N_EN)					
식이보충제(LS_KIND1~4)					
소득정도(incm)	1. 하				
	2. 중하				
	3. 중상				
	4. 상				

표2. 비타민D 비정상(결핍/부족)에 대한 각 변수의 위험도(오즈비)

		OR	95% CI	p-value
연령(age)				
폐경기간				
비만(HE_obe)	1. 저체중			
	2. 정상			
	3. 비만			
간질환(DK4_dg)				
신기능평가(HE_crea)				
사구체여과율				
영양상태(N_EN)				
식이보충제(LS_KIND1~4)				
소득정도(incm)	1. 하			
	2. 중하			
	3. 중상			
	4. 상			

4 분석 수행하기

① 국민건강영양조사 사이트(https://knhanes.cdc.go.kr/knhanes/main.do)에서 제5기 (2010-2012)의 변수를 다운로드한다. 네이버와 같은 포털사이트에서 국민건강영양조사를 검색하면 해당 사이트에 쉽게 접속할 수 있다.

② 2010년 자료 hn10_all.sav, 2011년 자료 hn11_all.sav, 2012년 자료 hn12_all.sav 총 3개를 다운로드한다.

③ 2010년, 2011년, 2012년 자료끼리 합친다.

④ 각 연도별로 합친 자료에서 필요한 데이터세트를 만든다. (전체 데이터를 사용해도 되지만 자료가 너무 많기 때문에 필요한 변수만 선택해서 만든다.)

⑤ 2010~2012년 자료를 모두 합쳐서 통합 데이터세트를 만든다.

⑥ 자료를 분석한다.

모든 파일은 E: 드라이브의 KHANES 디렉터리에 모아둔다.

```
# set working directory로 작업디렉터리를 정한다.
setwd("E://KHANES")

# read.spss는 spss를 읽어오는 명령어인데 foreign 패키지를 설치해야 한다. Library는
foreign 패키지를 사용하겠다고 선언하는 것이다.
library(foreign)

# read.spss를 사용하여 KHANES 디렉터리에 저장된 "HN10_ALL.sav" 파일을 읽어 res10이라는
데이터 이름으로 사용한다.
res10 <- read.spss("HN10_ALL.sav",to.data.frame = TRUE)
```

10을 11, 12로 숫자만 바꾸어서 해보자. 한 번에 모두 바꾸려면 명령어 전체를 블럭을 씌운 후 [Ctrl+F]를 누르면 된다. 다음으로 필요한 데이터세트를 만든다. 번호(ID), 비타민D수치(HE_vitD), 나이(age), 성별(sex), 무월경사유(LW_mp), 폐경연령(LW_mp_a), 비만(HE_obe), 간질환진단(DK4_dg), 소득정도(incm), 혈청크레아티닌(HE_crea), 1일 칼로리섭취량(N_EN).

사구체여과율은 나중에 nephro 패키지를 이용해서 계산해본다.

```
# res10의 데이터세트의 변수를 사용한다는 뜻으로 아래에서 일일이 res10$ID, res10$incm처럼
res10$을 붙이지 않아도 된다.
attach(res10)

#보기를 원하는 변수를 data.frame을 사용하여 새로운 데이터세트 res10_1을 만든다.
res10_1 <- data.frame(ID,HE_vitD,age,sex,LW_mp,LW_mp_a,HE_obe,DK4_dg,incm,HE_
crea, N_EN)
```

10을 11, 12로 숫자만 바꾸어서 데이터세트를 만들어보자. 다음으로 데이터세트에서 여성(sex=2)을 선택하고, 무월경사유(LW_mp=3: 자연폐경 또는 LW_mp=4: 인공폐경)를 선택한다. LW_mp_a 값이 888.비해당, 999.모름인 경우는 제외한다.

```
# 데이터세트에서 여성(sex = 2)을 선택하고,
res10_1 <- subset(res10_1, res10_1$sex==2)

# 무월경사유(LW_mp = 3: 자연폐경 또는 LW_mp = 4: 인공폐경)를 선택한다.
res10_1 <- subset(res10_1, res10_1$LW_mp==3 | res10_1$LW_mp==4)

# LW_mp_a 값이 '888.비해당', '999.모름'은 제외하는 것을 < 888으로 한다.
res10_1 <- subset(res10_1, res10_1$LW_mp_a < 888)
```

다음으로 혈청크레아티닌 값이 있는 사람만 선택한다.

```
# HE_crea의 값이 NA가 아닌 경우(FALSE)만 포함한다.
res10_1 <- subset(res10_1, is.na(res10_1$HE_crea)==FALSE)
```

10을 11, 12로 숫자만 바꾸어서 데이터를 정리하자. nephro 패키지를 사용해서 GFR 변수를 구하자.

```
# HE_crea 값을 creat라는 변수에 입력한다.
library(nephro)
res10_1$creat <- res10_1$HE_crea

# sex = 1, 즉 남자이면 sex 변수에 1을, 남자가 아니면(여자이면) 0을 입력한다.
res10_1$sex <- ifelse(res10_1$sex==1,1,0)

# nephro 패키지에 입력해야 하는 age 변수에 나이 변수를 입력한다.
res10_1$age <- res10_1$age

# 인종 변수(ethn)는 0을 입력한다.
res10_1$ethn <- 0
```

```
# MDRD4라는 변수에 패키지에서 제공하는 MDRD 공식을 이용해서 사구체여과율을 계산해서 입력한다.
attach(res10_1)
res10_1$MDRD4 <- MDRD4(res10_1$creat, res10_1$sex, res10_1$age, res10_1$ethn,
'IDMS')

# CKDEpi.creat라는 변수에 패키지에서 제공하는 CKD EPI 공식을 이용해서 사구체여과율을 계산
하여 입력한다.
res10_1$CKDEpi.creat <- CKDEpi.creat(res10_1$creat, res10_1$sex, res10_1$age,
res10_1$ethn)
```

10을 11, 12로 숫자만 바꾸어서 데이터를 정리하자.

```
# res10_1과 res11_1 데이터세트를 res1011로 합친다.
res1011 <- merge(res10_1,res11_1,all = TRUE)

# res1011과 res12_1 데이터세트를 res1012로 합친다.
res1012 <- merge(res1011,res12_1,all = TRUE)
```

이제 3개의 데이터세트를 하나로 합쳐서 res1012라는 데이터세트가 만들어졌다. res1012 데이터세트에서 HE_vitD 값이 없는 사람은 제외하자.

```
# HE_vitD의 값이 NA가 아닌 경우(FALSE)만 포함한다.
res1012 <- subset(res1012, is.na(res1012$HE_vitD)==FALSE)
```

비타민D(HE_vitD)를 3군으로 나눠보자. 연속형 변수를 범주형 변수로 바꿔보자. HE_vitD_gr으로 이름을 정하고 비타민D는 정상: 30ng/mL 이상, 부족: 20ng/mL 이상 30ng/mL 미만인 경우, 결핍: 20ng/mL 미만으로 정의한다.

비타민D(HE_vitD) ng/mL		비타민D군(HE_vitD_gr)
≥ 30	정상	0
30 ≥, 〉20	부족	1
〈 20	결핍	2

```
# y는 res1012 데이터세트의 자료의 수이다.
y <- length(res1012$ID)

# HE_vitD_gr 변수를 정의한다. 기본값은 NA이다.
res1012$HE_vitD_gr <- NA

# for문을 정의해서 1부터 y까지 반복한다.
for( i in 1:y ) {

 if (res1012$HE_vitD[i] > = 30)
    res1012$HE_vitD_gr[i] <- 0
 else
 if (res1012$HE_vitD[i] > = 20 & res1012$HE_vitD[i] <30)
    res1012$HE_vitD_gr[i] <- 1
 else
 if (res1012$HE_vitD[i] <20)
    res1012$HE_vitD_gr[i] <- 2
 else
 i <- i + 1
}
```

이제 분석을 해보자.

```
# moonBook 패키지를 불러온 후
library(moonBook)

# res1012 데이터세트에서 HE_vitD_gr에 따른 모든 데이터를 분석해서 table1에 입력한다.
table1 <- mytable(HE_vitD_gr~.,data = res1012)

# table1을 저장한다.
mycsv(table1,file = "table1.csv")
```

KHANES 디렉터리에 아래와 같이 table1이 저장된다.

HE_vitD_gr	0	1	2	p
	(N=240)	(N=1301)	(N=3209)	
ID	unique values:25534	unique values:25534	unique values:25534	
HE_vitD	34.3 ± 4.2	23.7 ± 2.7	14.5 ± 3.3	0.000
age	65.2 ± 8.8	64.2 ± 8.8	62.8 ± 9.2	0.000
sex				
0	240 (100.0%)	1301 (100.0%)	3209 (100.0%)	
LW_mp				0.577
−3	213 (88.8%)	1145 (88.0%)	2795 (87.1%)	
−4	27 (11.2%)	156 (12.0%)	414 (12.9%)	
LW_mp_a	48.4 ± 5.0	48.9 ± 5.0	48.9 ± 5.3	0.361
HE_obe				0.002
−1	4 (1.7%)	37 (2.9%)	57 (1.8%)	
−2	160 (66.7%)	813 (62.6%)	1892 (59.0%)	
−3	76 (31.7%)	448 (34.5%)	1258 (39.2%)	
DK4_dg				0.244
−1	2 (0.8%)	3 (0.2%)	11 (0.3%)	
−8	238 (99.2%)	1294 (99.5%)	3195 (99.6%)	
−9	0 (0.0%)	4 (0.3%)	3 (0.1%)	
incm				0.001
−1	59 (24.7%)	356 (27.6%)	740 (23.4%)	
−2	53 (22.2%)	317 (24.6%)	815 (25.7%)	
−3	48 (20.1%)	293 (22.7%)	844 (26.6%)	
−4	79 (33.1%)	324 (25.1%)	769 (24.3%)	
HE_crea	0.8 ± 0.2	0.7 ± 0.1	0.7 ± 0.2	0.154
N_EN	1569.5 ± 556.9	1640.9 ± 608.3	1607.8 ± 609.0	0.630
creat	0.8 ± 0.2	0.7 ± 0.1	0.7 ± 0.2	0.154
ethn				
0	240 (100.0%)	1301 (100.0%)	3209 (100.0%)	
MDRD4	80.5 ± 16.3	81.6 ± 15.6	83.4 ± 16.5	0.000
CKDEpi.creat	83.2 ± 14.9	84.7 ± 13.7	86.5 ± 14.2	0.000

앞의 결과를 보면, 비타민D 정도에 따른 차이가 있는 변수는 나이, 비만, 소득수준, 사구체여과율이다. 나이, 비만, 소득수준, 사구체여과율을 가지고 비타민D에 대한 회귀분석을 해보자. (회귀분석 관련 내용은 4장 8절 참조, p.86)

```
# 로지스틱 회귀분석을 위해서 결핍, 결핍이 아닌 것으로 재분류한다.
res1012$HE_vitD_gr2 <- ifelse(res1012$HE_vitD_gr==2,1,0)

# 회귀분석의 결과값을 out에 입력한다.
attach(res1012)
out <- glm (HE_vitD_gr2~age + as.factor(HE_obe) + as.factor(incm) + MDRD4, data
= res1012)

# 회귀분석의 결과를 보자.
summary(out)

# 고혈압진단 여부에 따른 변수들의 차이
coef(out)

# 고혈압진단 여부에 따른 변수들의 차이의 로그변환
exp(coef(out))

# 신뢰구간 구하기
exp(confint(out))
```

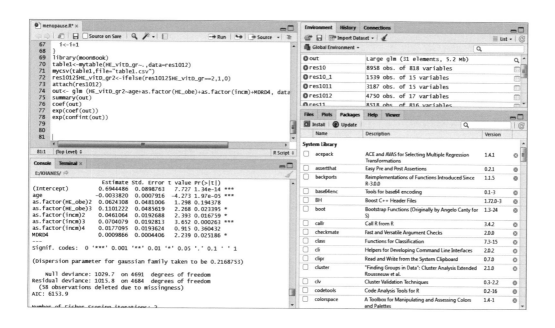

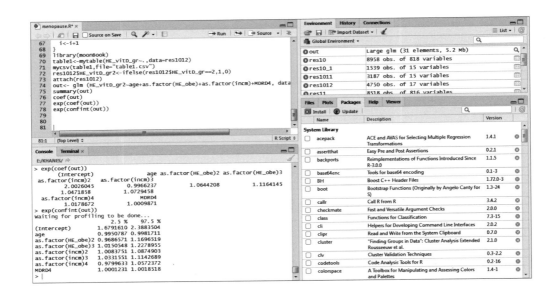

		OR	95% CI		p-value
연령(age)		0.996	0.995	0.998	〈0.001
비만(HE_obe)	1. 저체중(ref)				
	2. 정상	1.064	0.968	1.169	0.194
	3. 비만	1.116	1.015	1.227	0.023
사구체여과율(MDRD)		1.000	1.000	1.001	0.025
소득정도(incm)	1. 하				
	2. 중하	1.047	1.008	1.087	0.016
	3. 중상	1.072	1.033	1.114	〈0.001
	4. 상	1.017	0.979	1.057	0.036

로지스틱 회귀분석에서는 연령이 높을수록 비타민D가 결핍될 확률이 낮게 나왔다. 이는 이미 알려진 사실과는 다른 결과다. 앞에서 언급한 이론에서는 연령이 높을수록 야외활동이 적어서 비타민D 결핍이 올 수 있는데, 이 경우에는 야외활동의 정도를 보정하면 좋다고 했었다. 한편, 비만인 경우는 저체중인 경우에 비해서 비타민D 결핍의 위험도가 1.116배 높게 나왔다. 사구체여과율은 큰 영향요인은 아니었는데, 이 경우는 사구체여과율을 단계별로 나누어서 확인하면 더 좋을 것이다. 소득정도는 오히려 높을수록 비타민D 결핍의 위험도가 높은데, 여러 논문의 결과에서 보면 사회의 특성에 따라 다른 결과를 보이고 있다.

```
setwd("E://KHANES")
library(foreign)
# 2010
res10 <- read.spss("HN10_ALL.sav",to.data.frame = TRUE)
attach(res10)
res10_1 <- data.frame(ID,HE_vitD,age,sex,LW_mp,LW_mp_a,HE_obe,DK4_dg,incm,HE_
crea, N_EN)
res10_1 <- subset(res10_1, res10_1$sex==2)
res10_1 <- subset(res10_1, res10_1$LW_mp==3 | res10_1$LW_mp==4)
res10_1 <- subset(res10_1, res10_1$LW_mp_a < 888)
res10_1 <- subset(res10_1, is.na(res10_1$HE_crea)==FALSE)
library(nephro)
res10_1$creat <- res10_1$HE_crea
res10_1$sex <- ifelse(res10_1$sex==1,1,0)
res10_1$age <- res10_1$age
res10_1$ethn <- 0
attach(res10_1)
res10_1$MDRD4 <- MDRD4(res10_1$creat, res10_1$sex, res10_1$age, res10_1$ethn,
'IDMS')
res10_1$CKDEpi.creat <- CKDEpi.creat(res10_1$creat, res10_1$sex, res10_1$age,
res10_1$ethn)

# 2011
res11 <- read.spss("HN11_ALL.sav",to.data.frame = TRUE)
attach(res11)
res11_1 <- data.frame(ID,HE_vitD,age,sex,LW_mp,LW_mp_a,HE_obe,DK4_dg,incm,HE_
crea, N_EN)
res11_1 <- subset(res11_1, res11_1$sex==2)
res11_1 <- subset(res11_1, res11_1$LW_mp==3 | res11_1$LW_mp==4)
res11_1 <- subset(res11_1, res11_1$LW_mp_a < 888)
res11_1 <- subset(res11_1, is.na(res11_1$HE_crea)==FALSE)
library(nephro)
res11_1$creat <- res11_1$HE_crea
res11_1$sex <- ifelse(res11_1$sex==1,1,0)
res11_1$age <- res11_1$age
res11_1$ethn <- 0
attach(res11_1)
res11_1$MDRD4 <- MDRD4(res11_1$creat, res11_1$sex, res11_1$age, res11_1$ethn,
'IDMS')
res11_1$CKDEpi.creat <- CKDEpi.creat(res11_1$creat, res11_1$sex, res11_1$age,
res11_1$ethn)
# 2012
res12 <- read.spss("HN12_ALL.sav",to.data.frame = TRUE)
attach(res12)
```

```r
res12_1 <- data.frame(ID,HE_vitD,age,sex,LW_mp,LW_mp_a,HE_obe,DK4_dg,incm,HE_crea, N_EN)
res12_1 <- subset(res12_1, res12_1$sex==2)
res12_1 <- subset(res12_1, res12_1$LW_mp==3 | res12_1$LW_mp==4)
res12_1 <- subset(res12_1, res12_1$LW_mp_a < 888)
res12_1 <- subset(res12_1, is.na(res12_1$HE_crea)==FALSE)
library(nephro)
res12_1$creat <- res12_1$HE_crea
res12_1$sex <- ifelse(res12_1$sex==1,1,0)
res12_1$age <- res12_1$age
res12_1$ethn <- 0
attach(res12_1)
res12_1$MDRD4 <- MDRD4(res12_1$creat, res12_1$sex, res12_1$age, res12_1$ethn, 'IDMS')
res12_1$CKDEpi.creat <- CKDEpi.creat(res12_1$creat, res12_1$sex, res12_1$age, res12_1$ethn)

#merge
res1011 <- merge(res10_1,res11_1,all = TRUE)
res1012 <- merge(res1011,res12_1,all = TRUE)
res1012 <- subset(res1012, is.na(res1012$HE_vitD)==FALSE)
y <- length(res1012$ID)
res1012$HE_vitD_gr <- NA
for( i in 1:y ) {
 if (res1012$HE_vitD[i]> = 30)
    res1012$HE_vitD_gr[i] <- 0
 else
 if (res1012$HE_vitD[i]> = 20 & res1012$HE_vitD[i] <30)
    res1012$HE_vitD_gr[i] <- 1
 else
 if (res1012$HE_vitD[i]<20)
    res1012$HE_vitD_gr[i] <- 2
 else
 i <- i + 1
}
library(moonBook)
table1 <- mytable(HE_vitD_gr~.,data = res1012)
mycsv(table1,file = "table1.csv")
res1012$HE_vitD_gr2 <- ifelse(res1012$HE_vitD_gr==2,1,0)
attach(res1012)
out <- glm (HE_vitD_gr2~age + as.factor(HE_obe) + as.factor(incm) + MDRD4, data = res1012)
summary(out)
coef(out)
exp(coef(out))
exp(confint(out))
```

168

9장

R 에러메시지
살펴보기

이번 장에서는 자주 접할 수 있는 R 에러메시지와 그에 대한 대응 방법을 정리해보았다.

HN10_ALL.sav: Compression bias (0) is not the usual value of 100

⇨ SPSS 프로그램으로 생성된 파일이 아니고, 다른 DB 프로그램을 통해 만들어졌을 때에 나타나는 에러메시지로 분석을 하는 데에는 문제가 없다.

---

the condition has length > 1 and only the first element will be used :

⇨ if문으로는 전체 자료를 바꿀 수 없고 1개만 바꿀 수 있기 때문에 ifelse를 사용하든지, 아니면 if문 앞에 for문을 적어야 한다.

---

more columns than column names

⇨ data1 <- read.table("D://data/ngal2013.csv",header=T,sep=".")에서 sep="," 대신 .을 넣으면 나타나는 에러메시지다.

---

rJava loading error
Loading required package: rJava

⇨ java 홈페이지에 가서 최신의 JAVA를 설치하면 된다.

Warning messages:
1: In mean.default(x) : argument is not numeric or logical: returning NA

⇨ 숫자변수가 들어가야 할 자리에 문자변수가 있는 경우에 뜨는 오류메시지다. xlsx로 저장해서 R에서 읽어올 때 제대로 숫자로 지정했음에도 숫자로 변환되지 않은 후 불러오기 때문에, 되도록이면 CSV로 저장해서 불러오는 것이 좋다.

NAs introduced by coercion

⇨ 원자료에 문자가 들어 있는 경우, 자료를 제대로 읽어들이지 못해 나타나는 오류메시지다.

argument is of length zero

⇨ 비교를 할 때, 비교하려는 값이 결측값(NA)일 경우에 발생한다. 따라서 NA를 제외하고 비교 하면 된다. 조건문에서 is.na(변수)==FALSE만을 선택해서 비교한다. 숫자가 factor로 읽힐 때 csv 파일을 읽은 후 숫자가 자꾸 factor로 읽힌다면 숫자 칸에 "."이 입력되어 있는 것은 아닌지 확인해야 한다. "."을 삭제하면 NA로 읽혀 문제가 해결된다.

package 'XXXX' is not available (for R version 3.2.4)

⇨ R-project 사이트에 직접 가서 패키지 압축파일을 다운로드한 후 R-studio package install에서 압축파일을 선택해 설치한다.
⇨ 또는 R version을 최신으로 설치한다.

In strsplit(msgs[i], "\n") : input string 1 is invalid in this locale
In read_xlsx_(path, sheet, col_names = col_names, col_types = col_types, : [505, 9]: expecting numeric: got '1'

⇨ 숫자가 들어가야 할 곳에 문자가 있다는 메시지다. '1'이 문자로 들어가 있다.

Error of Stepwise Regression with number of rows in use has changed: remove missing values?

⇨ missing value(결측값)가 있을 때 발생하는 문제로 다중선형회귀분석에 포함되는 변수 중 값이 없으면 NA로 바꾼 후 NA값을 제거한 후 다시 분석해본다.
⇨ res <- subset(res,is.na(res$변수명)==FALSE)
⇨ res <- na.omit(res)

linear dependencies found

⇨ library(leaps)를 사용할 때 regsubsets로 회귀분석을 해서 linear dependencies found 에러가 나온 것이다. 이 경우는 공선성이 높은 변수를 제거하고 분석하면 된다.
⇨ x <- cbind(res$변수1,res$변수2,res$변수3,res$변수4,res$변수5)
  cor(x)

  위와 같이 입력한 후 상관계수 값이 서로 1이 되는 변수를 제거해본다.

Error in `[.data.frame`(xx, use.rows) : undefined columns selected

⇨ termplot을 그릴 때의 에러메시지다. 해결책은 attach를 사용하여 데이터프레임의 이름을 모두 제거하고 다시 그려보는 것이다.

longer object length is not a multiple of shorter object length

⇨ 대부분 논리식에서 변수가 다를 때 발생한다. 변수이름을 다시 확인한다.

Fewer control than treated units and matching without replacement. Not all treated units will receive a match. Treated units will be matched in the order specified by m.order: largest

⇨ 대조군(control)의 수가 적은 경우에 MatchIt에서 이러한 에러메시지가 나타날 수 있다. 나이의 범위를 조정해서 대조군(control)이 더 많도록 조정해보자.

cannot allocate vector of size

⇨ 대부분 검색 결과에서는 meromry size를 문제 삼지만, 국건영 자료에서는 데이터프레임을 만들 때 데이터세트가 변수명에 따라 다른 경우에 이러한 에러메시지가 나타난다.

덧붙여, R에서 사용 중인 데이터세트에 대한 설명은 아래 페이지에서 확인할 수 있으니 참고하기 바란다.

https://vincentarelbundock.github.io/Rdatasets/datasets.html

찾아보기

!is.na 56

χ^2-test 84

A

aes 64

aggregate 74-75

as.character 55

as.factor 55, 145-146

as.numeric 55

attach 48, 133, 148, 160, 165, 167

B

barplot 111

boxplot 41, 112

by=list 74

C

Calinski.Harabatz 104

chisq.test 84

choice 105

CKDEpi 71

cld 102

clustering 103

coef 88, 91, 165

cor 117

correlation matrix 116

corrplot 116-117

coxph 93

coxph(Surv) 93

Cox 비례위험모형 93

CRAN 11

CSV(comma separated value) 33

D

datadist 115

data.frame 47, 149, 160, 167

dplyr 56, 68

E

excel 59

exp(coef) 91, 165

exp(confint) 88, 91, 165

F

filter 56, 68-69

Fisher's exact test 84

for 53, 137, 139, 163

foreign 60, 160, 167

FUN=mean 74